KB143925

Les cakes pour 365 jours

365일 파운드케이크

Introduction … 7

기본 재료 … 8

기본 도구 … 10

틀에 대하여 … 12

기본 반죽

기본 반죽 ① 카트르 카르[Q] … 16

기본 반죽 ② 제누와즈[G] … 20

기본 반죽 ③ 오일 반죽[H] … 24

기본 반죽 ④ 케이크 살레[S] … 26

화사한 봄 케이크

베리 케이크 … 28

딸기와 얼그레이[Q] … 30

빅토리아 케이크[Q] … 31

프랑부아즈와 장미[G] … 32

봄 과일 케이크 … 34

오렌지 필과 커피[G] … 36

살구와 그래놀라[Q] … 37

신선한 오렌지[Q] … 38

아메리칸 체리[Q] … 39

봄의 티타임 … 40

말차와 레몬 필[Q] … 41

호지차[G] … 42

벚꽃과 매실 … 43

벚꽃과 크랜베리[Q] … 44

매실주[Q] … 45

봄의 케이크 살레 … 46

완두콩과 셰브르 치즈[S] … 48

메추리알, 누에콩, 파프리카[S] … 49

벚꽃새우와 봄 양배추[S] … 50

산뜻해서 더 맛있는 여름 케이크

레몬 케이크 … 52

위크엔드 시트론[G] … 54

레몬과 바질[H] … 55

레몬 커드[Q] … 56

바나나 케이크 … 58

바나나와 카르다몸[H] … 60

바나나 케이크[Q] … 61

브라우니 풍 초콜릿 바나나 케이크[Q] … 62

여름 과일 케이크 … 64

블루베리와 코코넛[Q] … 66

라임과 요구르트[H] … 67

자몽과 밀크 초콜릿[G] … 68

망고와 패션프루트[Q] … 69

허브 케이크 … **70**
민트와 초콜릿[G] … 71
허브와 꿀[G] … 72

여름의 케이크 살레 … **73**
올리브와 방울토마토[S] … 74
버터 간장 맛 옥수수[S] … 75
해물 카레[S] … 77
김치와 한국 김[S] … 78

깊은 맛의 가을 케이크

결실의 계절, 가을의 케이크 … **80**
밤과 카시스[Q] … 82
곶감과 브랜디[Q] … 83
단호박과 크랜베리[H] … 84

가을의 티타임 … **86**
다르질링과 포도[Q] … 88
커피와 럼 레이즌[Q] … 89
차이[H] … 90

캐러멜 케이크 … **92**
프루이 루주 플로랑탱[Q] … 94
캐러멜과 서양배 마블 케이크[Q] … 95
캐러멜[Q] … 96

견과류 케이크 … **98**
견과류 가득 케이크[Q] … 99
팽 드 젠 풍 케이크[G] … 101

향신료 케이크 … **102**
프룬 오렌지 시나몬 조림[Q] … 104
생강[H] … 105
팔각과 무화과[Q] … 106

가을의 케이크 살레 … **68**
연어와 시금치[S] … 110
호두와 고르곤졸라[S] … 111
버섯과 살라미[S] … 112

즐거운 겨울의 케이크

초콜릿 케이크 … 114

화이트 초콜릿과 유자 잼[Q] … 116

더블 초콜릿[H] … 117

초콜릿과 금귤 콩피[Q] … 118

대표적인 초콜릿 과자 풍 케이크 … 120

자허 토르테 풍 케이크[G] … 121

퐁당 쇼콜라[G] … 123

포레누아르 풍 케이크[Q] … 125

크리스마스 케이크 … 126

팽 데피스 풍 케이크[H] … 128

케이크 오 프루이[Q] 1… 30

사과 케이크 … 132

사과 레드 와인 조림[Q] … 133

사과 업사이드 다운[G] … 135

달콤한 채소 케이크 … 136

당근 케이크[H] … 137

고구마와 꿀[Q] … 138

일본풍 케이크 … 140

말차와 아마낫토[G] … 141

시로미소 마쓰카제 풍 케이크[H] … 143

겨울의 케이크 살레 … 144

포토푀 풍 케이크[S] … 146

초리조와 말린 무화과[S] … 147

닭 안심과 피망[S] 1… 49

자주 하는 질문 … 150

이 책의 사용법

- 재료의 분량은 기본적으로 18㎝ 파운드 틀 1개 분량입니다. 다른 틀을 사용하는 케이크도 18㎝ 파운드 틀을 이용해 같은 분량·굽는 시간으로 만들 수 있습니다.
- 재료의 분량은 손질 후의 양입니다. 달걀, 과일, 채소는 껍데기, 껍질, 씨처럼 보통은 필요하지 않은 부분을 제거하고 계량해서 조리하세요.
- 레몬, 오렌지와 같은 감귤류는 수확 후 농약을 살포하지 않은 것을 사용하세요.
- 메뉴 이름 뒤에는 각 반죽의 종류를 알파벳([Q][G][H][S])으로 표기합니다. 반죽을 만드는 자세한 방법은 해당 '기본 반죽' 페이지(본문 16~27쪽)를 참고하세요.
- 사용하는 재료의 도구에 관해서는 각각 본문 8~11쪽을 참고하세요. 틀과 밑준비에 관해서는 본문 12~15쪽을 참고하세요.
- '상온'은 약 18℃를 말합니다.
- 오븐은 전기 컨벡션 오븐을 사용합니다. 굽는 온도와 시간은 기종에 따라 다르므로, 반죽의 상태를 보며 구우세요. 오븐의 화력이 약하면 굽는 온도를 10℃ 올리세요.
- 전자레인지는 600W 제품, 냄비는 스테인리스 제품을 사용합니다.
- 1큰술은 15㎖, 1작은술은 5㎖입니다.

Introduction

들어가며

그전까지 근무하던 양과자점을 그만두고, 무엇을 할까 고민하던 때에 처음으로 만든 것이 파운드케이크였습니다. 독립에 즈음하여 개설한 홈페이지에서 소소하게 팔기 시작한 저의 케이크는, 매달 새로운 맛을 개발하며 라인업을 늘려갔습니다. 그 결과, 이렇게 68가지 레시피를 소개하기에 이르렀답니다. 그때는 새로운 맛 하나 개발하기도 벅찼는데, 이렇게 늘어나다니 제가 생각해도 놀랍네요.

그 시절 파운드케이크를 만들기로 한 이유는 응용하기 쉬운 점이 매력적이었기 때문입니다. 카트르 카르에 제철 재료를 넣기만 해도 전혀 새로운 맛이 탄생하거든요. 이런 포용력과 다양하게 활용할 수 있는 특성은 파운드케이크만의 장점입니다. 계절별로 다양한 레시피를 수록한 이 책은 구움 과자의 성수기인 가을과 겨울뿐만 아니라 1년 내내 많은 분이 즐길 수 있으리라 생각합니다.

파운드케이크를 구성하는 것은 크게 4가지 재료입니다. 버터, 설탕, 달걀, 밀가루. 가짓수가 적은 만큼 양질의 제품으로 정성껏 만들면 집에서도 프로 못지않은 맛있는 케이크를 만들 수 있습니다. 이 책에서 그 포인트를 최대한 상세히 해설했습니다. 약간의 팁으로도 완성도는 극적으로 달라집니다. 며칠 동안 보관할 수 있고, 상온에서 들고 갈 수 있어서 선물로 제격인 점도 만드는 사람을 만족시킨답니다.

제 레시피의 특징은 가벼운 식감과 은은한 단맛입니다. 이 책에서는 속재료에 맞게 4가지 반죽을 구분해서 사용합니다. 그중 하나인 카트르 카르는 달걀 양을 아주 약간 줄여서 배합해 은은한 단맛과 폭신한 맛을 냅니다. 다 구운 케이크의 예쁜 모양에도 신경 썼습니다. 간혹 케이크 옆면이 안쪽으로 푹 들어가는 '변형'이 일어나기도 하는데, 그렇게 되지 않도록 배합을 조정했습니다.

소박하기에 깊이 있는 파운드케이크는 제가 파티시에로서 다시 시작하는 출발점입니다. 그동안 케이크를 만들어 오면서 저는 과자가 지닌 가능성과 만들 때 느끼는 행복함을 배웠습니다. 이런 저의 마음이 여러분에게 조금이라도 전해져서 함께 즐길 수 있다면 더 이상의 기쁨은 없을 것입니다.

다카이시 노리코

Ingrédients

기본 재료

1 박력분

가벼운 식감으로 완성되는 제과용 '슈퍼바이올렛'을 사용하세요. '바이올렛(단백질이 적고, 입자가 고운 제과용 고급 박력분으로, 촉촉하고 폭신한 케이크에 적합하다. 슈퍼바이올렛이 바이올렛보다 10% 정도 더 잘 부풀어 오른다.)'을 써도 되지만, 특히 '기본 반죽② 제누와즈'(20쪽)는 '슈퍼바이올렛'을 권장합니다. '플라워(다양한 요리에 쓸 수 있는 박력분(옮긴이 주))'는 식감이 달라지므로 피하세요.

2 버터

파운드케이크는 별명이 '버터케이크'인 만큼, 버터의 질이 중요합니다. 되도록 무염 발효 버터를 사용하세요. 산뜻한 산미와 함께 풍미가 진한 케이크가 된답니다. 일반 무염 버터를 써도 괜찮습니다.

3 달걀

특란(내용물 50g)을 사용합니다. 이 책에서는 달걀 2개를 기준으로 배합합니다. 개체차가 있지만 1개당 ±5g 정도의 오차는 상관없습니다. 되도록 신선한 달걀을 고르세요.

4 그래뉴당

담백한 맛이 나는 그래뉴당을 사용합니다. 입자가 고운 제과용을 사용하면 반죽에 잘 어우러집니다. 일반 흰설탕을 써도 되지만, 타기 쉽고 맛과 식감이 달라지므로 그다지 권장하지 않습니다.

5 베이킹파우더

반죽을 팽창시켜 폭신하게 구워지게 합니다. '기본 반죽② 제누와즈'는 거품 낸 달걀의 힘으로 반죽을 부풀리므로 기본적으로 사용하지 않습니다. 이 책에서는 알루미늄이 들어있지 않은 제품을 사용합니다.

6 소금 , 굵게 간 흑후추

'기본 반죽④ 케이크 살레'(26쪽)에 사용합니다. 소금은 게랑드 소금처럼 굵은 것이 좋습니다.

7 가루 치즈

'기본 반죽④ 케이크 살레'에 사용하는데, 풍미와 짭짤한 맛을 더해 맛의 완성도를 높입니다. 레시피에 따라 다른 치즈를 사용하기도 합니다.

8 샐러드유

'기본 반죽③ 오일 반죽'(24쪽), '기본 반죽④ 케이크 살레'에는 버터 대신 샐러드유를 사용합니다. 잘 산화되지 않는 생참기름이나 미강유를 사용하면 소비 기한이 하루 정도 길어집니다. 올리브유는 적합하지 않습니다.

9 우유

주로 '기본 반죽③ 오일 반죽', '기본 반죽④ 케이크 살레'에 사용합니다. 일반 우유를 사용하고, 저지방, 무지방 우유는 피하세요.

10 강력분

구겔호프 틀이나 꽃 모양 틀을 사용할 때, 틀에 버터를 바른 후 뿌려줍니다. 구하기 쉬운 제품을 사용하면 됩니다.

Ustensiles

기본 도구

1 볼

반죽을 만드는 볼은 지름 약 20cm의 깊이 있는 스테인리스 제품을 권장합니다. 버터나 초콜릿을 중탕으로 녹이거나 아이싱을 만들 때 작은 제품도 몇 개 준비해두면 편리해요.

2 다용도 체

가루 재료나 슈거파우더를 칠 때 사용합니다. 망이 이중인 제품은 막히기 쉬우므로 권장하지 않습니다.

3 핸드 믹서

기종에 따라 힘의 차이가 있습니다. 레시피에 기재된 섞는 시간은 기준일 뿐이니 반드시 반죽의 상태를 보고 판단하세요. '기본 반죽④ 케이크 살레'(26쪽)에는 필요하지 않습니다.

4 거품기

와이어의 개수가 많고 튼튼한 스테인리스 제품이 쓰기 편합니다. 주로 '기본 반죽④ 케이크 살레'에 사용합니다. 요리용 젓가락도 함께 사용합니다.

5 고무 주걱

반죽을 섞을 때는 유연하고 잘 섞이는 내열 실리콘 제품이 편리합니다. 작은 것도 있으면 유용합니다. 캐러멜을 만들 때는 변색 되기도 하므로 나무 주걱을 쓰는 것이 좋습니다.

6 종이 포일

특수 가공이 되어 있어 열, 기름, 수분에 강한 시트입니다. 반죽이 들러붙지 않게 틀에 깔아줍니다.

7 솔

다 구운 케이크에 리큐르나 시럽을 바를 때(본문 17쪽) 사용합니다. 나일론, 실리콘 제품이 있습니다. 나일론 제품은 냄새가 배기 쉬우므로 사용 후에 잘 씻어서 말리세요.

Moules

틀에 대하여

18㎝
파운드 틀

- 이 책의 레시피는 모두 18㎝ 파운드 틀 1개에 맞춘 분량입니다.
- 15㎝ 파운드 틀로는 약 2개를 만들 수 있습니다.
- 원형 틀, 구겔호프 틀, 꽃 모양 틀을 사용하는 레시피로도 분량과 굽는 시간을 동일하게 18㎝ 파운드 틀로 만들 수 있습니다.
- 이 책에서는 요시다 제과 도구 전문점의 '오리지널 파운드 틀'을 사용합니다. 재질은 양철입니다.

종이 까는 법

1 종이 포일을 약 30×25㎝로 자르고, 가운데에 틀을 올린다. 틀의 짧은 변 아래쪽에 맞춰 종이 포일을 가볍게 접어서 자국을 낸다ⓐ. 틀을 치우고, 자국을 따라 꾹 눌러서 접는다ⓑ. 긴 변은 한 변씩 같은 방법으로 가볍게 접어서 자국을 낸 후 ⓒ 꾹 눌러서 접는다ⓓ.

2 종이 포일을 틀에 대서 위로 튀어나온 부분은 접어서 자국을 내고, 칼로 잘라낸다.

3 사진처럼 4군데에 가위집을 넣는다ⓔ(접은 자국에 닿기 직전까지만 자른다ⓕ).

4 긴 변을 들어 올린 후 짧은 변을 들어 올리고, 틀에 넣는다ⓖ. 귀퉁이를 손끝으로 눌러서 뜨지 않게 깔아준다ⓗ.

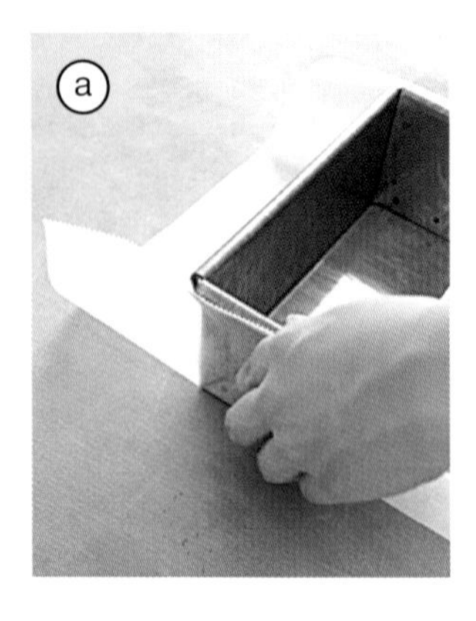

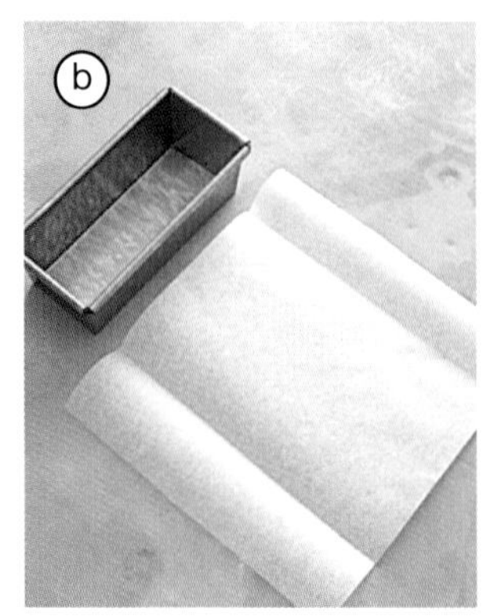

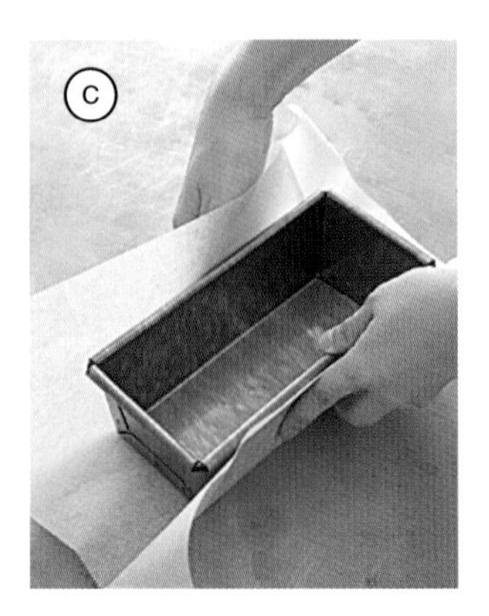

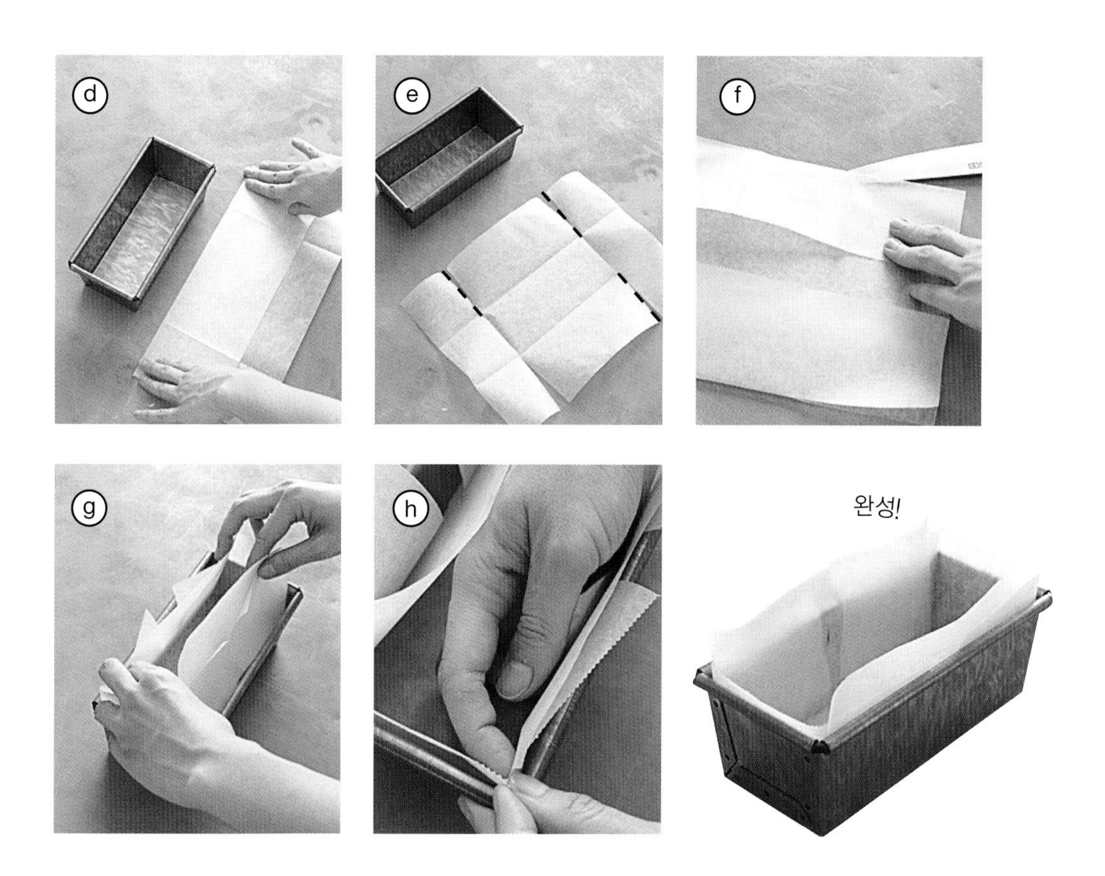

반죽을 부어 넣기 전에

틀의 긴 변에 반죽을 풀 삼아 약간 발라서 종이 포일을 고정하면 반죽을 붓기 편하다.

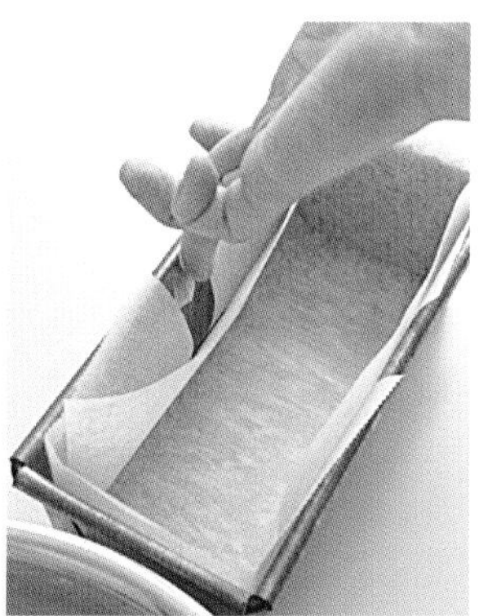

15㎝ 원형 틀(바닥 분리형)

- 바닥이 분리되는 형태의 스테인리스 제품입니다.
- 18㎝ 파운드 틀 1개와 같은 분량, 같은 굽는 시간으로 만들 수 있습니다.
- 바닥이 분리되는 제품은 케이크를 틀에서 쉽게 꺼낼 수 있습니다.

종이 까는 법

1 상온에 두어 크림 형태로 만든 버터 적당량을 솔로 바닥면, 옆면의 반죽과 접하는 부분에 얇게 바르고ⓐ, 바닥을 장착한다.

2 종이 포일을 약 18㎝ 길이로 자르고ⓑ 반으로 접는다ⓒ. 다시 반으로 접고ⓓ 대각선으로 반을 2번 접는다ⓔⓕ. 틀의 반지름보다 약 1㎝ 더 길게 가위로 둥글게 잘라내고ⓖ, 약 1㎝의 가위집을 두 군데 넣은 후ⓗ 펼쳐서 바닥에 깔아준다ⓘ.

3 종이 포일을 틀의 높이보다 약 1㎝ 더 긴 지점에서 가볍게 접었다 펴서 2장 분량을 만든다. 자국을 꾹 눌러 접어서 선을 따라 칼로 자르고ⓙ, 옆면에 맞춰서 붙여준다ⓚ.

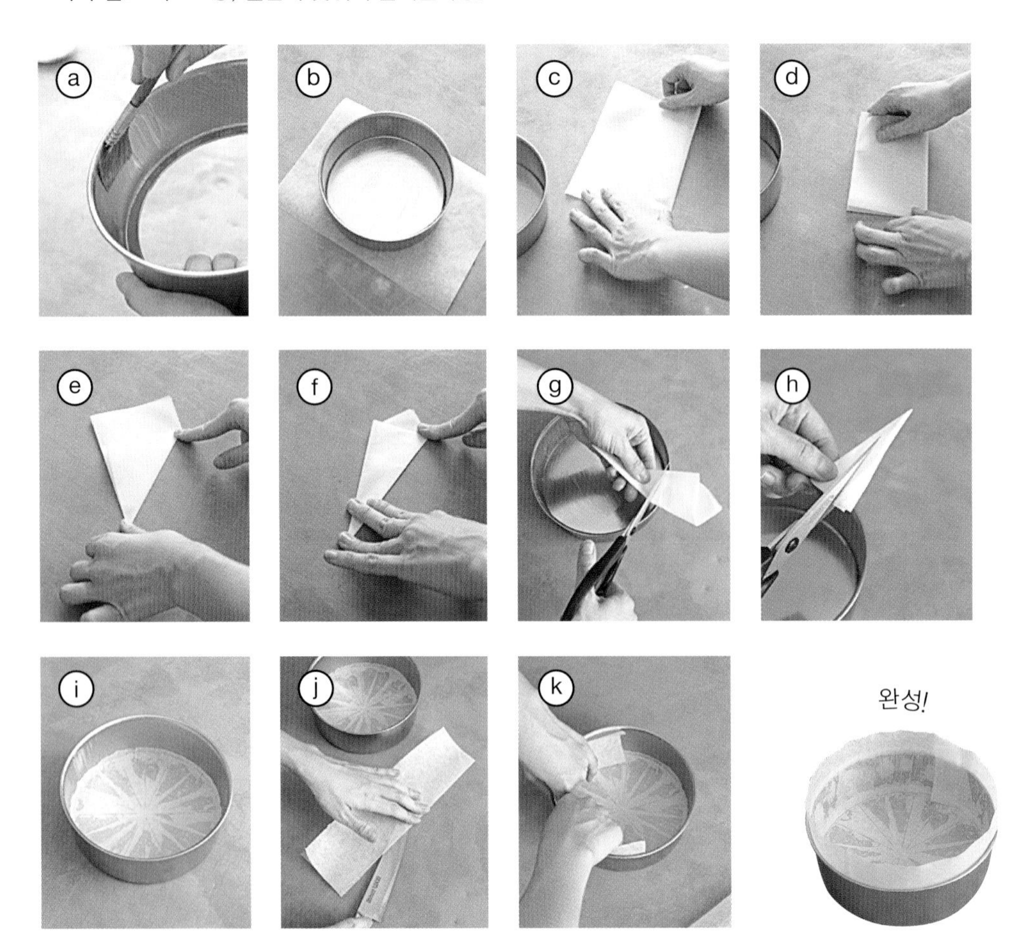

구겔호프 틀

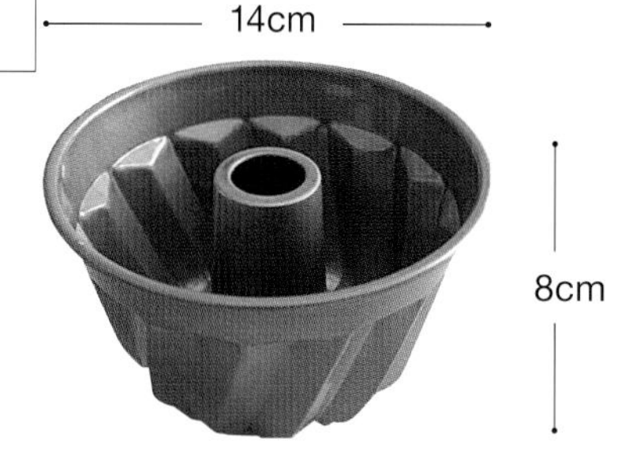

- 프랑스 알자스 지방의 구움 과자인 구겔호프를 만드는 틀로, 물결 형태의 굴곡이 특징입니다.
- 18㎝ 파운드 틀 1개와 같은 분량으로 만들 수 있지만, 속재료 양에 따라 반죽이 조금 넘치기도 하므로, 코코트에 소량을 덜어 넣는 것이 좋습니다(자세한 내용은 본문 151쪽 참조).
- 종이를 깔 수 없으므로, 버터를 바르고 밀가루를 털어내는 작업이 필요합니다.

밑준비

1 상온에 두어 크림 형태로 만든 버터 적당량을 솔에 묻혀서 아래에서 위로 움직이며 바닥면, 옆면, 튀어나온 부분에 고루 바른다ⓐ.

2 강력분을 2스푼 정도 넣는다. 틀을 기울여서 돌리며 바깥을 손으로 가볍게 두드려 바닥면과 옆면에 고루 묻힌 후 가루를 털어낸다ⓑ.

3 튀어나온 부분에 강력분을 2스푼 정도 더 뿌리고, 같은 방법으로 묻힌 후 털어낸다.

4 마지막으로 틀을 뒤집어서 작업대에 2~3번 떨어뜨리며 여분의 가루를 털어낸다ⓒ.

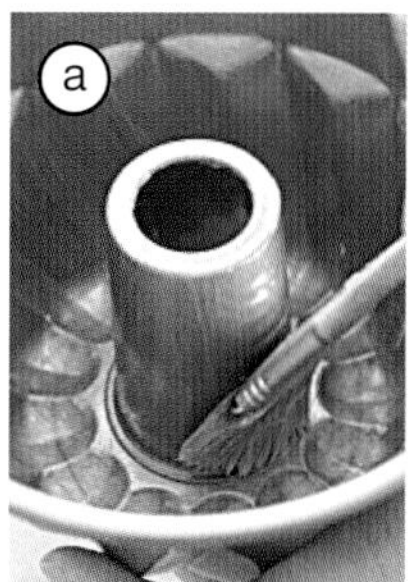

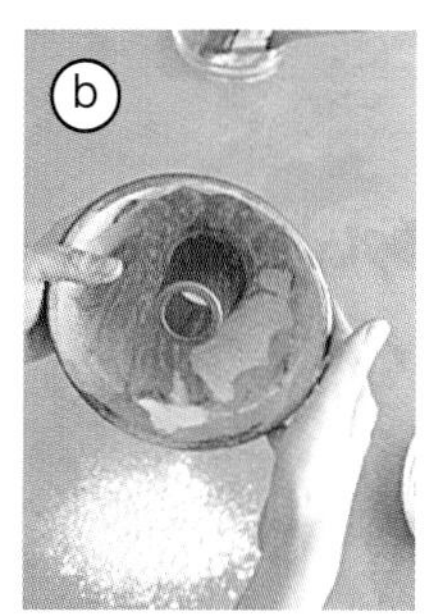

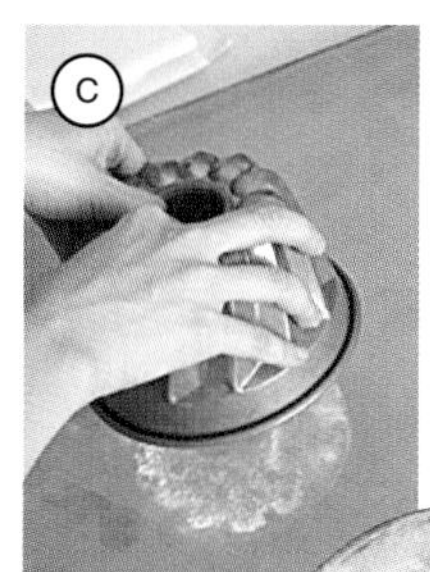

완성!

꽃 모양 틀

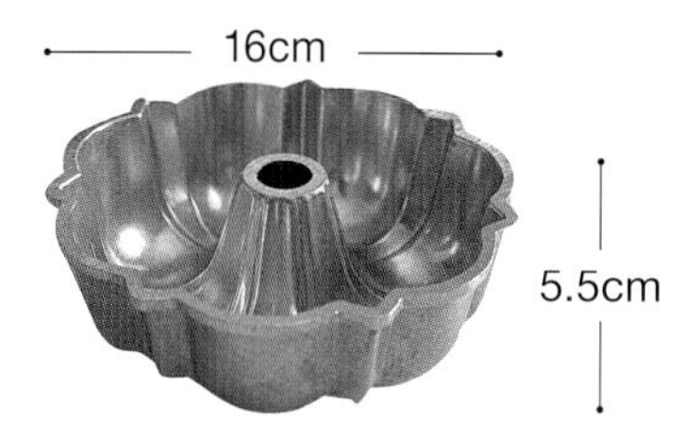

- 활짝 핀 꽃 모양으로 완성됩니다.
- 프랑스, 미국에서는 이 틀로 만드는 사람도 많습니다.
- 18㎝ 파운드 틀 1개와 같은 분량으로 만들 수 있습니다.
- 구겔호프 틀과 같은 방법으로 밑준비를 해야 합니다.

밑준비

1 상온에 두어 크림 형태로 만든 버터 적당량을 솔에 묻혀서 아래에서 위로 움직이며 바닥면, 옆면, 튀어나온 부분에 고루 바른다.

2 강력분을 2스푼 정도 넣는다. 틀을 기울여서 돌리며 바깥을 손으로 가볍게 두드려 바닥면과 옆면에 고루 묻힌 후 가루를 털어낸다.

3 돌기 부분에 강력분을 2스푼 정도 더 뿌리고, 같은 방법으로 묻힌 후 털어낸다.

4 마지막으로 틀을 뒤집어서 작업대에 2~3번 떨어뜨리며 여분의 가루를 털어낸다ⓒ.

완성!

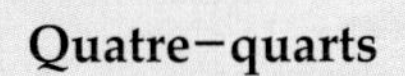

기본 반죽①

[Q] 카트르 카르

프랑스어로 '4분의 4'라는 뜻입니다. 구움 과자 만들기의 기본 재료인 버터, 설탕, 달걀, 밀가루를 거의 같은 분량씩 배합한 것에서 유래합니다. 원래는 묵직한 느낌의 반죽이지만, 저는 달걀을 약간 줄여서 가벼운 식감이 나도록 조정했습니다. 버터가 주인공인 반죽이니 꼭 맛있는 발효 버터로 만드세요.

밀가루 25%	버터 25%
달걀 25%	설탕 25%

재료와 밑준비_ 18㎝ 파운드 틀 1개 분량

무염 발효 버터 105g

▶ 상온 상태로 만든다ⓐ.

그래뉴당 105g

전란 2개 분량(100g)

▶ 상온 상태로 만들어 포크로 풀어준다ⓑ.

A [박력분 105g
베이킹파우더 1/4작은술]

▶ 합쳐서 체로 친다ⓒ.

*틀에 종이 포일을 깐다. → 본문 12쪽

*오븐은 적당한 타이밍에 180℃로 예열한다.

ⓐ손끝으로 누르면 쑥 들어갈 정도로 부드럽게 만든다. 너무 부드러워도 안 된다.

ⓑ달걀흰자의 끈기를 없애며 고루 잘 섞는다. 달걀이 차가우면 반죽이 분리되기 쉬우므로 반드시 상온 상태로 만들 것.

ⓒ아래에 종이 포일을 깔고 다용도 체나 고운 체로 쳐 둔다. 멍울이 생기지 않게 하기 위한 중요한 작업이다.

앙비베

레시피에 따라서는 다 구운 케이크에 리큐르나 시럽을 바르고 랩으로 감싸 식힘망 위에서 식히며 풍미가 스며들게 하기도 한다. 이를 '앙비베'라고 한다. 리큐르나 시럽이 잘 스며들도록, 케이크가 뜨거울 때 윗면, 옆면에 솔로 가볍게 두드려 바른다. 앙비베한 케이크는 약 10일간 보관할 수 있다.

만드는 법

1 볼에 버터와 그래뉴당을 넣고, 고무 주걱으로 그래뉴당이 완전히 어우러질 때까지 바닥을 비비며 섞는다ⓓ.

2 핸드 믹서를 고속으로 돌리며 전체에 공기가 충분히 들어가도록 2분~2분 30초간 섞는다ⓔ.

3 달걀을 약 10번에 나누어 넣고ⓕ, 넣을 때마다 핸드 믹서를 고속으로 돌리며 30초~1분간 섞는다ⓖ.

4 A를 넣고, 한쪽 손으로 볼을 돌리며 고무 주걱으로 바닥에서 크게 퍼 올려 전체를 20~25번 섞는다ⓗ. 날가루가 조금 남으면 된다.

5 볼 옆면과 고무 주걱에 묻은 반죽을 긁어서 넣고, 같은 방법으로 5~10번 섞는다. 날가루가 사라지고, 표면에 윤기가 나면 된다ⓘ.

6 틀에 5를 넣고ⓙ, 바닥을 작업대에 2~3번 떨어뜨려서 반죽을 평평하게 한다. 고무 주걱으로 가운데가 움푹 들어가게 만들고ⓚ, 예열한 오븐에서 30~40분간 굽는다. 도중에 약 15분이 지나면 물에 적신 칼로 가운데에 칼집을 넣는다ⓛ.

7 갈라진 곳이 노르스름해지고, 나무 꼬치로 찔러도 아무것도 묻어나지 않으면 완성ⓜ. 종이 포일째 틀에서 꺼내고, 식힘망에 올려서 식힌다ⓝ.

갑자기 핸드 믹서를 켜면 그래뉴당이 사방에 튀므로, 먼저 고무 주걱으로 섞어준다. 버터가 조금 단단하면 고무 주걱으로 눌러 으깨면서 매끈하게 만들면 된다.

▶

핸드 믹서를 크게 돌리며 전체가 하얗게 될 때까지 섞는다. 다 섞은 후 고무 주걱으로 반죽을 모아주면 된다.

달걀은 분리되기 쉬우므로 약 10번에 나누어 넣고, 완전히 어우러질 때까지 충분히 섞는다. 한번 넣는 양은 1큰술이 조금 안 되는 것이 기준.

▶

분리되지 않고 고루 잘 섞여서 폭신하고 부드러운 반죽이 되면 OK. 분리됐다면 가루 재료를 조금 넣고 섞어서 어우러지게 한다(자세한 내용은 본문 151쪽 참조).

note

- 갓 구워도, 식어도 맛있게 먹을 수 있다. 갓 구운 케이크는 겉은 바삭, 속은 폭신폭신하다. 다음 날부터 먹으면 식감이 촉촉하다.
- 버터와 달걀은 차가워도 따뜻해도 안 된다. 차가우면 분리되기 쉽고, 따뜻하면 공기가 잘 들어가지 않아서 반죽이 가라앉고 만다. 여름에는 버터가 금방 부드러워지므로 달걀은 조금 차가운 것을 써도 좋다. 겨울에는 볼도 차갑고, 반죽이 잘 굳으므로 필요에 따라 달걀을 중탕에 올려 살짝 데우면 버터와 잘 섞인다.
- 케이크가 완전히 식으면 랩으로 감싸서 서늘하고 그늘진 곳 또는 냉장고에 보관한다. 보관 기준은 약 1주일이며, 냉동 보관도 가능하다(자세한 내용은 본문 150쪽 참조). 생과일을 넣었다면 냉장 보관을 권장한다.

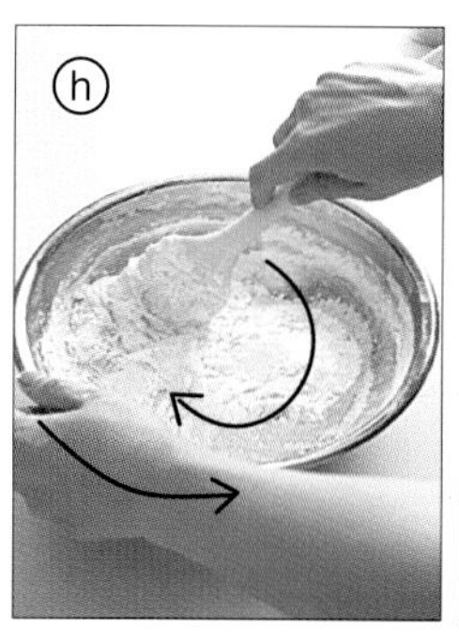

한쪽 손으로 볼을 몸쪽으로 돌리는 동시에 반원을 그리듯이 반죽을 바닥에서 위로 퍼 올린다. 너무 많이 섞거나 치대면 반죽이 단단해진다. 이때는 완전히 섞지 않는다.

반죽이 덜 섞인 부분이 없도록 볼 옆면과 고무 주걱에 묻은 반죽도 깔끔하게 긁어서 넣고 섞는다. 이때 가루가 완전히 어우러지게 한다. 윤기가 나면 완성.

▶

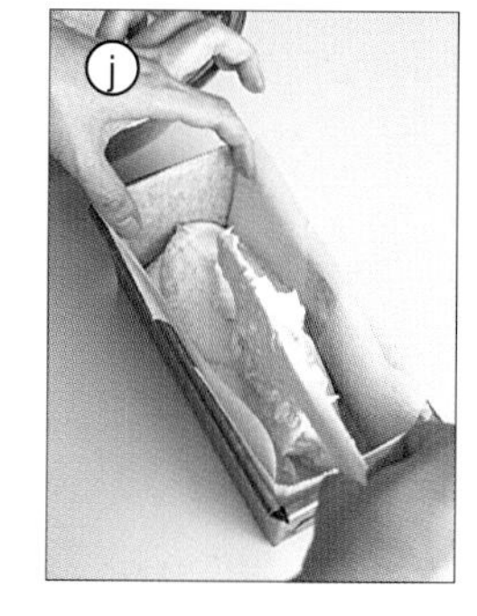

반죽을 고무 주걱으로 떠서, 되도록 옆면에 묻지 않게 여러 번에 나누어 넣는다. 작업대에 가볍게 떨어뜨려서 윗면을 평평하게 하고, 반죽이 구석구석 퍼지게 한다.

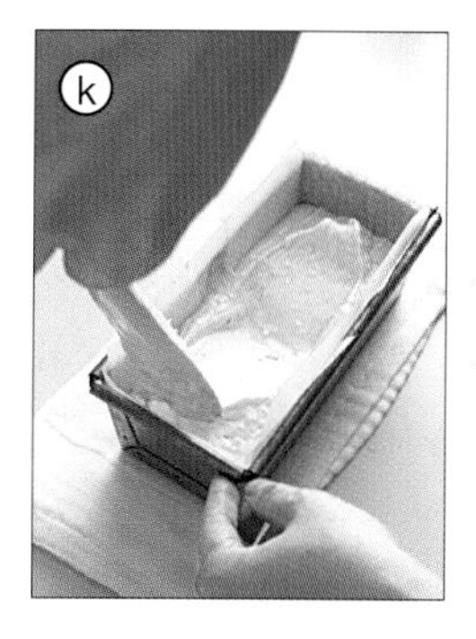

반죽의 양이 많으므로 가운데가 조금 움푹 들어가게 만들면 열기가 균일하게 전해지기 좋다. 오븐 팬에 틀을 놓고, 오븐 하단에서 굽는다.

▶

가운데가 예쁘게 부풀어 오르게 하는 팁. 반죽이 묻지 않게 칼을 물에 적셔서 칼집을 재빨리 넣는다. 틀의 좌우(또는 위아래)를 반대로 돌려서 오븐에 다시 넣으면 고루 구워진다.

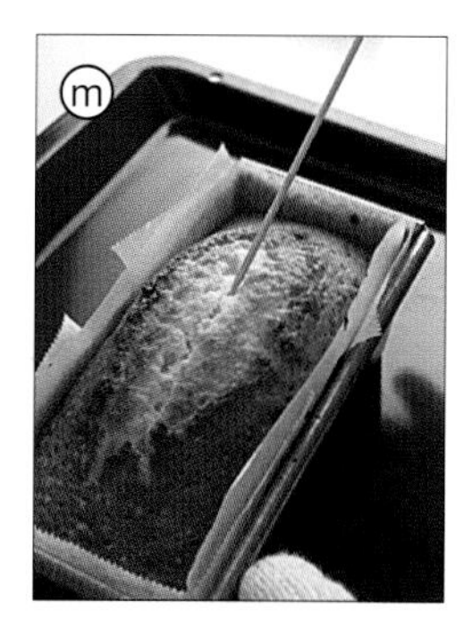

30분 정도 구웠을 때 상태를 한 번 확인한다. 나무 꼬치에 묽은 반죽이 묻으면(조금 더 정확히 보려면 가운데 부분을 온도계로 넣어서 97도가 되면 익었다고 판단합니다. 감수자 주) 오븐에 다시 넣고, 추가로 5분마다 상태를 확인하며 굽는다.

▶

구운 후 케이크가 줄어드는 현상을 방지하기 위해 틀에서 꺼내서 식힌다. 갓 구운 케이크는 깔끔하게 자르기 어려우므로, 한 김 식혀서 빵칼로 자르면 된다.

Génoise

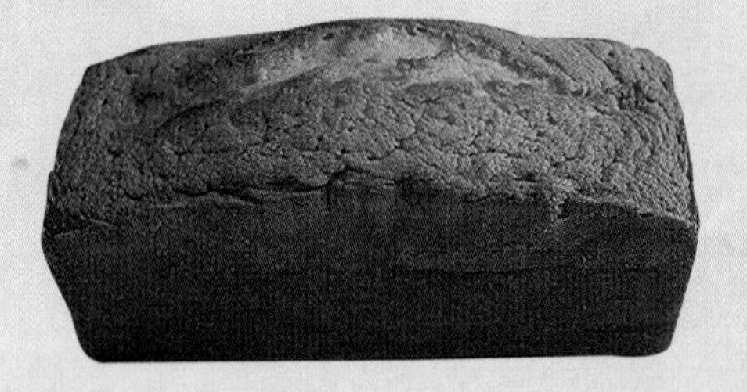

기본 반죽②

[G] 제누와즈

가볍고 촉촉한 식감의 반죽으로, '스펀지'라고도 합니다. 달걀의 풍미가 다소 강하게 느껴지는 배합이며, 옆면이 푹 들어가는 변형 없이 예쁘게 만들어집니다. 거품 낸 달걀에 밀가루와 녹인 버터를 넣어 만듭니다.

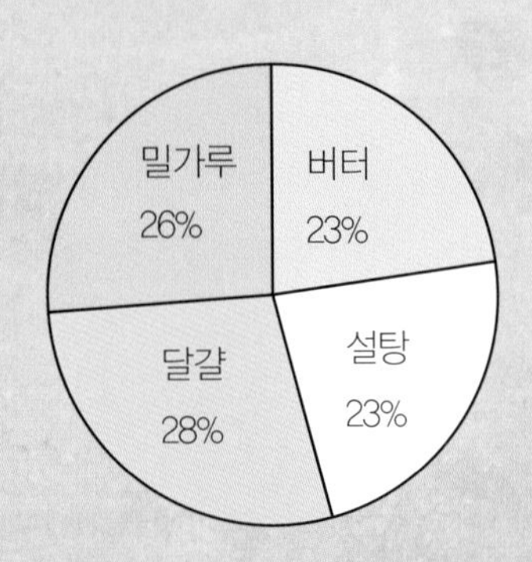

재료와 밑준비_ 18㎝ 파운드 틀 1개 분량

무염 발효 버터 80g
전란 2개 분량(100g)
그래뉴당 80g
박력분 90g

*중탕용 뜨거운 물(약 70℃)을 준비한다ⓐ.
*틀에 종이 포일을 깐다. → 본문 12쪽
*오븐은 적당한 타이밍에 170℃로 예열한다.

ⓐ볼 바닥이 뜨거운 물에 닿는 크기의 프라이팬이나 냄비를 사용한다. 팔팔 끓일 필요 없이 약 70℃가 되면 불을 끈다.

만드는 법

1 볼에 버터를 넣어 중탕으로 녹이고ⓑ, 잠시 중탕에서 내린다(2에서 달걀물을 넣은 볼을 중탕에서 내린 후 다시 올려 둔다).

2 다른 볼에 달걀과 그래뉴당을 넣고, 켜지 않은 핸드 믹서로 가볍게 섞는다ⓒ. 이어서 중탕에 올리고 저속으로 돌리며 약 20초간 섞은 후ⓓ 중탕에서 내린다. 고속으로 올려 전체에 공기가 충분히 들어가도록 2분~2분 30초간 섞고, 저속으로 낮춰 약 1분간 섞으며 결을 정돈한다ⓔ.

3 박력분을 체로 치며 넣고ⓕ, 한쪽 손으로 볼을 돌리며 고무 주걱으로 바닥에서 크게 퍼 올려 전체를 약 20번 섞는다ⓖ. 날가루가 조금 남으면 된다.

4 1의 버터를 5~6번에 나누어 고무 주걱을 타고 흐르게 넣고ⓗ, 넣을 때마다 같은 방법으로 5~10번 섞는다. 날가루가 사라지고, 표면에 윤기가 나면 된다ⓘ.

5 틀에 4를 넣고ⓙ, 바닥을 작업대에 2~3번 떨어뜨려서 여분의 공기를 뺀 후 예열한 오븐에서 30~35분간 굽는다. 도중에 약 10분이 지나면 물에 적신 칼로 가운데에 칼집을 넣는다ⓚ.

6 갈라진 곳이 노르스름해지고, 나무 꼬치로 찔러도 아무것도 묻어나지 않으면 완성ⓛ. 틀 바닥을 2~3번 두드려서 종이 포일째 꺼내고ⓜ, 식힘망에 올려서 식힌다.

버터는 완전히 녹인다. 차가우면 잘 섞이지 않고 반죽이 굳은 느낌이 들므로, 달걀물을 넣은 볼을 중탕에서 내린 후 다시 올려 둔다.

▶

갑자기 핸드 믹서를 켜면 그래뉴당이 사방에 튀므로, 켜지 않은 상태로 먼저 섞어준다.

핸드 믹서를 크게 돌리며 섞는다. 달걀물을 손끝으로 만져봐서 목욕물 온도 정도(약 40℃)가 되면 중탕에서 내릴 타이밍이다.

▶

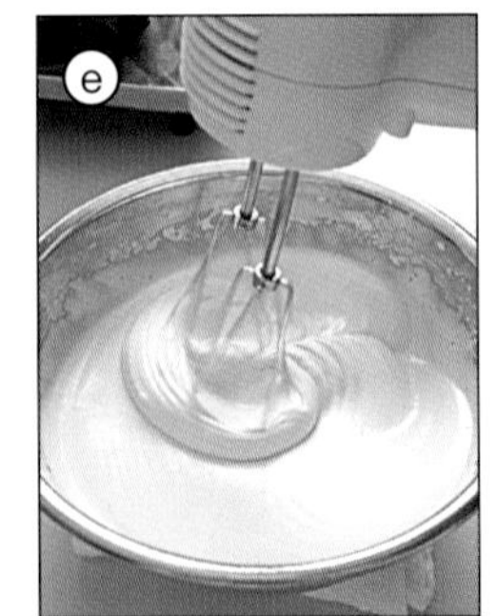

볼 바닥이 식어서 상온이 되고, 반죽을 떠 올렸을 때 떨어지는 선의 흔적이 약 5초 후에 사라지면 저속으로 낮춘다. 볼에 핸드 믹서가 닿으면 큰 기포가 생기므로 주의한다.

note

- 달걀물을 데우면서 충분히 섞어서 공기를 품게 하므로 베이킹파우더는 필요하지 않다.
- 케이크가 완전히 식으면 랩으로 감싸서 서늘하고 그늘진 곳 또는 냉장고에 보관한다. 보관 기준은 2~3일. 시간이 지나면 퍼석퍼석해지므로 당일이나 다음날에 먹어야 맛있다. 냉동 보관도 가능하다(자세한 내용은 본문 150쪽 참조).

박력분은 전체적으로 넓게 뿌리면서 넣으면 멍울이 잘 생기지 않는다.

한쪽 손으로 볼을 몸쪽으로 돌리는 동시에 반원을 그리듯이 반죽을 바닥에서 위로 퍼 올린다. 너무 많이 섞거나 치대면 반죽이 단단해진다. 이때는 완전히 섞지 않는다.

반죽에 주는 부담을 줄이도록 고무 주걱을 타고 흐르게 하며 퍼뜨려 넣는다. 너무 많이 섞으면 반죽이 잘 부풀지 않으므로 주의한다. 물방울이 반죽에 들어가지 않도록 버터를 넣은 볼의 바닥을 닦아준다.

윤기가 나면 된다.

반죽의 기포가 꺼지지 않게, 되도록 건드리지 말고 그대로 부어 넣는다. 주르륵 흐르기 때문에 윗면을 평평하게 할 필요는 없다. 오븐 팬에 틀을 놓고, 오븐 하단에서 굽는다.

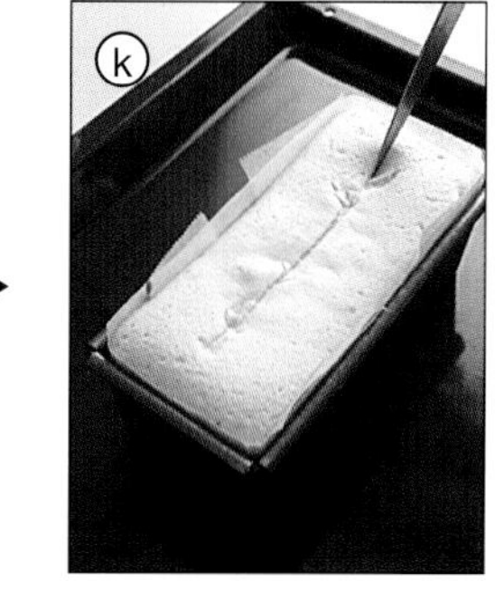

가운데가 예쁘게 부풀어 오르게 하는 팁. 반죽이 묻지 않게 칼을 물에 적셔서 칼집을 재빨리 넣는다. 틀의 좌우(또는 위아래)를 반대로 돌려서 오븐에 다시 넣으면 고루 구워진다.

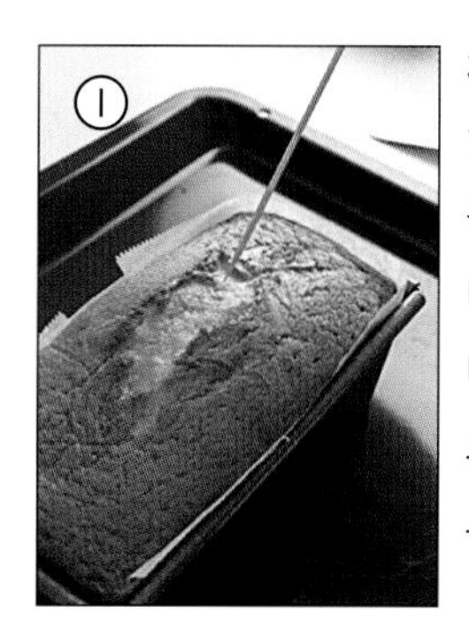

30분 정도 구웠을 때 상태를 한 번 확인한다. 나무 꼬치에 묽은 반죽이 묻으면 오븐에 다시 넣고, 추가로 5분마다 상태를 확인하며 굽는다. 손끝으로 살짝 눌러봐서 탄력이 있으면 완성.

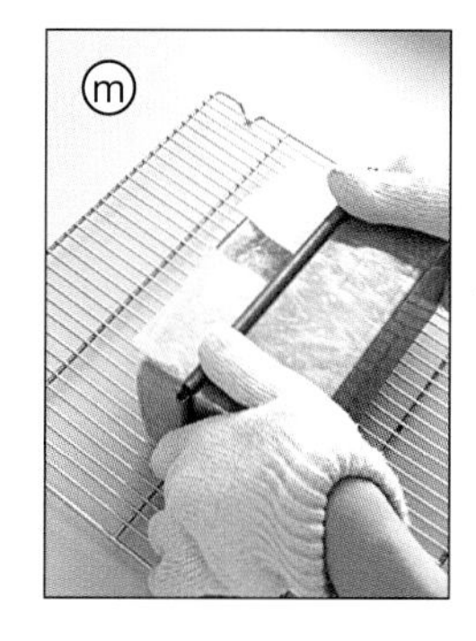

그대로 꺼낼 수 있으면 좋지만, 케이크가 부풀어서 틀에서 잘 안 빠지면 식힘망에 틀을 쓰러뜨려서 꺼낸다. 그리고 케이크는 반드시 세워서 식힌다. 한 김 식으면 빵칼로 자른다.

cake à l'Huile

기본 반죽③

[H] 오일 반죽

버터 대신 샐러드유(또는 생참기름)로 만드는 담백한 플레인 케이크입니다. 실패가 적어서 초보자에게 추천하는 반죽입니다.

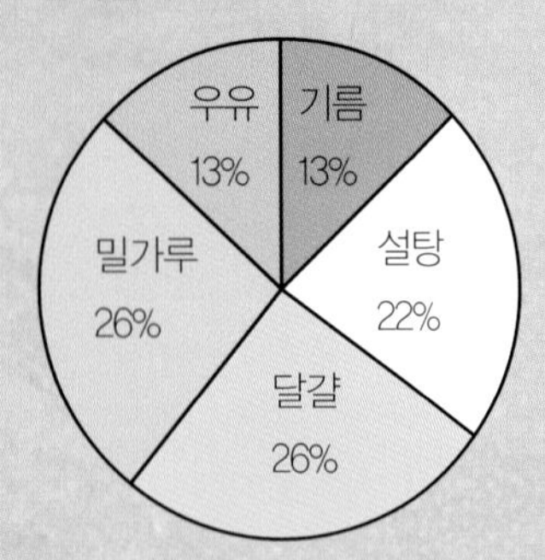

재료와 밑준비_ 18㎝ 파운드 틀 1개 분량

전란 2개 분량(100g)
▶ 상온 상태로 만든다.
그래뉴당 80g
샐러드유 50g
A ┌ 박력분 100g
└ 베이킹파우더 1/2작은술
▶ 합쳐서 체로 친다.
우유 50g

*틀에 종이 포일을 깐다. → 본문 12쪽
*오븐은 적당한 타이밍에 180℃로 예열한다.

만드는 법

1 볼에 달걀과 그래뉴당을 넣고, 켜지 않은 핸드 믹서로 가볍게 섞다가ⓐ 고속으로 가동해 약 1분간 섞는다.

2 샐러드유를 4~5번에 나누어 넣고, 넣을 때마다 핸드 믹서를 고속으로 돌리며 약 10초간 섞는다. 전체가 어우러지면 저속으로 낮춰 약 1분간 더 섞으며 결을 정돈한다ⓑ.

3 A를 넣고, 한쪽 손으로 볼을 돌리며 고무 주걱으로 바닥에서 크게 퍼 올려 전체를 약 20번 섞는다. 날가루가 조금 남으면 된다ⓒ.

4 우유를 5~6번에 나누어 고무 주걱을 타고 흐르게 넣고, 넣을 때마다 같은 방법으로 약 5번 섞는다. 마지막으로 약 5번 더 섞는다. 날가루가 사라지고, 표면에 윤기가 나면 된다ⓓ.

5 틀에 4를 넣고, 바닥을 작업대에 2~3번 떨어뜨려서 여분의 공기를 뺀 후 예열한 오븐에서 30~35분간 굽는다. 도중에 약 10분이 지나면 물에 적신 칼로 가운데에 칼집을 넣는다ⓔ.

6 갈라진 곳이 노르스름해지고, 나무 꼬치로 찔러도 아무것도 묻어나지 않으면 완성ⓕ. 틀 바닥을 2~3번 두드려서 종이 포일째 꺼내고, 식힘망에 올려서 식힌다.

note

- 샐러드유 대신 생참기름을 써도 된다. 생참기름은 잘 산화되지 않아서 보관이 하루 정도 연장된다.
- 케이크가 완전히 식으면 랩으로 감싸서 서늘하고 그늘진 곳 또는 냉장고에 보관한다. 보관 기준은 2~3일. 다음날 이후에는 조금 쫀득해진다. 시간이 지나면 퍼석퍼석하고 기름 냄새가 강해지므로 당일~다음날에 먹어야 맛있다. 냉동 보관도 가능하다(자세한 내용은 본문 150쪽 참조).

갑자기 핸드 믹서를 켜면 그래뉴당이 사방에 튀므로, 켜지 않은 상태로 먼저 섞어준다.

분리되기 쉬우므로 샐러드유는 나눠서 넣는다. 저속으로 돌리며 기포를 자잘하고 균일하게 정돈한다. 볼에 핸드 믹서가 닿으면 큰 기포가 생기므로 주의한다.

박력분은 전체적으로 넓게 뿌리면서 넣는다. 한쪽 손으로 볼을 몸쪽으로 돌리는 동시에 반원을 그리듯이 반죽을 바닥에서 위로 퍼 올린다. 다 섞으면 볼 옆면과 고무 주걱에 묻은 반죽을 긁어서 넣는다.

너무 많이 섞으면 반죽이 잘 부풀지 않으므로 주의한다. 우유는 반죽에 주는 부담을 줄이도록 고무 주걱을 타고 흐르게 하며 퍼뜨려 넣는다.

가운데가 예쁘게 부풀어 오르게 하는 팁. 반죽이 묻지 않게 칼을 물에 적셔서 칼집을 재빨리 넣는다. 틀의 좌우(또는 위아래)를 반대로 돌려서 오븐에 다시 넣으면 고루 구워진다.

30분 정도 구웠을 때 상태를 한 번 확인한다. 나무 꼬치에 묽은 반죽이 묻으면 오븐에 다시 넣고, 추가로 5분마다 상태를 확인하며 굽는다. 손끝으로 살짝 눌러봐서 탄력이 있으면 완성.

cake Salé

기본 반죽④

[S] 케이크 살레

'짭짤한 파운드케이크'라는 뜻으로, 치즈와 기름을 넣은 반죽으로 만듭니다. 너무 많이 섞지 않게 주의하세요.

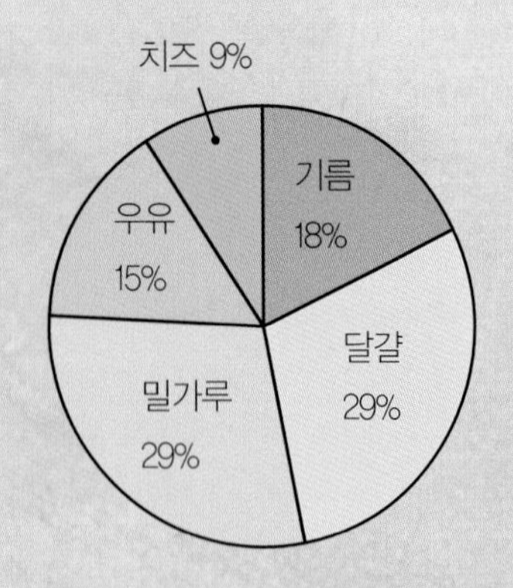

재료와 밑준비_ 18㎝ 파운드 틀 1개 분량

속재료
- 샐러드유 2작은술
- 베이컨(덩어리) 70g
  - ▶ 1㎝로 깍둑 썬다.
- 양파 1/2개
  - ▶ 굵게 다진다.
- 소금 약간
- 굵게 간 흑후추 약간

전란 2개 분량(100g)
- ▶ 상온 상태로 만든다.

샐러드유 60g

우유 50g

치즈 가루 30g

A
- 박력분 100g
- 베이킹파우더 1작은술
- 소금 1/4작은술
- 굵게 간 흑후추 약간

▶ 합쳐서 체로 친다.

*틀에 종이 포일을 깐다.
→ 본문 12쪽

*오븐은 적당한 타이밍에 180℃로 예열한다.

만드는 법

1 속재료를 준비한다. 프라이팬에 샐러드유를 둘러서 중불로 달구고, 베이컨을 살짝 볶는다. 양파, 소금, 굵게 간 흑후추를 넣어 함께 볶고, 양파가 숨이 죽으면 배트에 꺼내서 식힌다.

2 볼에 달걀과 샐러드유를 넣고, 거품기로 완전히 어우러질 때까지 충분히 섞는다ⓐ. 우유를 넣고, 같은 방법으로 섞는다.

3 치즈 가루와 1의 속재료를 넣고, 요리용 젓가락으로 가볍게 섞는다ⓑ.

4 A를 넣고, 한쪽 손으로 볼을 돌리며 요리용 젓가락으로 바닥에서 크게 퍼 올려 전체를 15~20번 섞는다ⓒ. 고무 주걱으로 볼 옆면에 묻은 반죽을 긁어서 넣고, 같은 방법으로 1~2번 섞는다ⓓ. 날가루가 아주 조금 남으면 된다.

5 틀에 4를 넣고, 바닥을 작업대에 2~3번 떨어뜨려서 여분의 공기를 뺀 후 고무 주걱으로 윗면을 가볍게 정돈한다ⓔ. 예열한 오븐에서 30~35분간 굽는다.

6 윗면이 노르스름해지고, 나무 꼬치로 찔러도 아무것도 묻어나지 않으면 완성. 틀째 식힘망에 올리고, 한 김 식으면 종이 포일째 꺼내서 식힌다ⓕ.

note

- 갓 구운 것은 물론, 완전히 식어서 안정됐을 때 먹어도 맛있다.
- 반죽의 샐러드유는 생참기름으로 대체해도 된다. 생참기름은 잘 산화되지 않아 보관이 하루 정도 연장된다.
- 케이크가 완전히 식으면 랩으로 감싸서 냉장고에 보관한다. 보관 기준은 2~3일.
- 먹기 직전에 170℃로 예열한 오븐에서 약 10분간 더 구우면 맛있다.

달걀과 샐러드유는 분리되기 쉬우므로 잘 섞는다.

너무 많이 섞지 않도록 요리용 젓가락을 사용한다. 치즈 가루는 덩어리가 있으면 풀어 둔다. 뜨거운 속재료를 넣으면 반죽이 굳어버리므로 반드시 식혀서 넣는다.

박력분은 전체적으로 넓게 뿌리면서 넣는다. 한쪽 손으로 볼을 몸쪽으로 돌려주고, 동시에 반원을 그리듯이 반죽을 바닥에서 위로 퍼 올린다. 너무 많이 섞으면 반죽이 수축되어 잘 부풀지 않는다.

고무 주걱은 마지막에 1~2번만 사용한다. 처음부터 고무 주걱으로 섞으면 반죽이 단단해진다. 틀에 넣을 때도 섞이므로 날가루가 조금 남아 있는 정도가 알맞다.

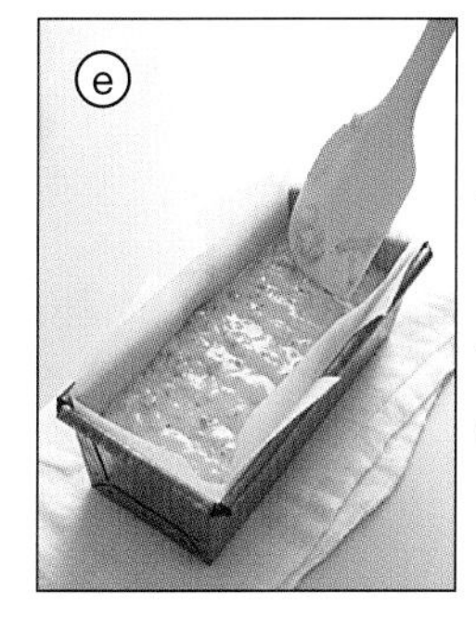

반죽을 너무 많이 건드리지 않게 주의한다. 오븐 팬에 틀을 놓고, 오븐 하단에서 굽는다. 칼집은 내지 않아도 된다. 15~20분이 지나서 틀의 좌우(또는 위아래)를 반대로 돌리면 고루 구워진다.

나무 꼬치에 묽은 반죽이 묻으면 추가로 5분마다 상태를 확인하며 굽는다. 기름이 배어 나와 케이크가 매우 뜨거우므로 우선은 틀째 식힘망에 올렸다가 한 김 식으면 틀에서 꺼낸다.

Printemps

화사한 봄 케이크

베리 케이크

봄처럼 화사한 베리를 넣었습니다. 생딸기 케이크는 저의 야심작이랍니다.

딸기와 얼그레이[Q]

▶ 30쪽

프랑부아즈와 장미[G]

▶ 32쪽

빅토리아 케이크[Q]

▶ 31쪽

딸기와 얼그레이[Q] 

재료와 밑준비_ 18㎝ 파운드 틀 1개 분량

무염 발효 버터 105g
▶ 상온 상태로 만든다.
그래뉴당 105g
전란 2개 분량(100g)
▶ 상온 상태로 만들어 포크로 풀어준다.
A ┌ 박력분 105g
└ 베이킹파우더 1/4작은술
▶ 합쳐서 체로 친다.
홍차 잎(얼그레이) 4g
▶ 랩으로 감싸서 밀대를 굴려 잘게 부수고ⓐ, A와 섞는다.
타임 2줄기+적당량
▶ 2줄기는 잎을 딴다.
딸기 60g+100g
▶ 60g은 꼭지를 떼서 세로로 반을 자르고, 100g은 꼭지만 뗀다.

*틀에 종이 포일을 깐다. → 본문 12쪽
*오븐은 적당한 타이밍에 180℃로 예열한다.

만드는 법

1 아래의 '빅토리아 케이크' 1~5와 같은 방법으로 만든다. 다만 1에서 슈거파우더는 그래뉴당으로 대체한다. 3에서 우유는 필요하지 않다. 4에서 A에 홍차 잎을 섞어두고, 타임 잎 2줄기 분량도 함께 넣는다.

2 틀에 1의 반을 넣고, 스푼 뒷면으로 반죽 위를 평평하게 한 후 둘레를 2㎝ 정도 남기고 세로로 반을 자른 딸기 60g을 올린다ⓑ. 남은 1을 넣어 위를 평평하게 하고, 둘레를 2㎝ 정도 남기고 꼭지를 딴 딸기 100g을 올린 후 타임 적당량으로 장식한다. 예열한 오븐에서 약 50분간 굽는다.

3 윗면이 노르스름해지고, 나무 꼬치로 찔러도 아무것도 묻어나지 않으면 완성. 종이 포일째 틀에서 꺼내고, 식힘망에 올려서 식힌다.

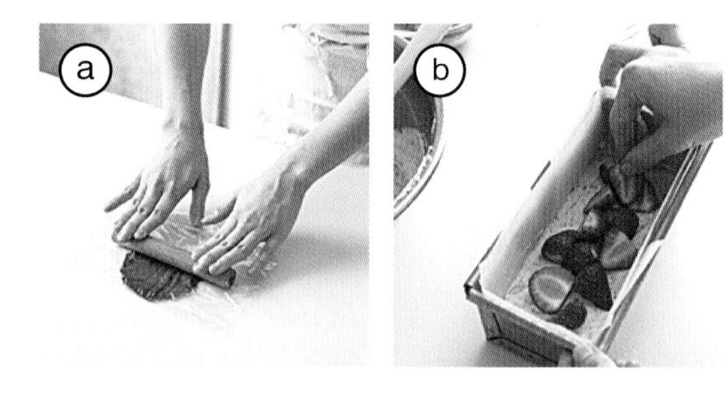

note

- 생딸기를 반죽 사이에 넣고 구우면 잼 같은 식감이 난다. 다만 소비 기한은 약 3일이다. 직접 만들면 더욱 맛있는 케이크.
- 홍차 잎이 거칠고 단단하면 절구에 넣고 잘게 부순다.

빅토리아 케이크[Q] 

재료와 밑준비_ 지름 15㎝ 원형 틀 1개 분량

무염 발효 버터 105g
　▶ 상온 상태로 만든다.
슈거파우더 105g+적당량
전란 2개 분량(100g)
　▶ 상온 상태로 만들어 포크로 풀어준다.
　우유 1큰술
┌ 박력분 105g
A 아몬드가루 20g
└ 베이킹파우더 1/4작은술
　▶ 합쳐서 체로 친다.
딸기잼 100g

*틀에 종이 포일을 깐다. → 본문 12쪽
*오븐은 적당한 타이밍에 180℃로 예열한다.

만드는 법

1 볼에 버터와 슈거파우더 105g을 넣고, 고무 주걱으로 슈거파우더가 완전히 어우러질 때까지 바닥을 비비며 섞는다.

2 핸드 믹서를 고속으로 돌리며 전체에 공기가 충분히 들어가도록 2분~2분 30초간 섞는다.

3 달걀을 약 10번에 나누어 넣고, 넣을 때마다 핸드 믹서를 고속으로 돌리며 30초~1분간 섞는다. 우유를 넣고 저속으로 낮춰 약 10초간 섞는다.

4 A를 넣고, 한쪽 손으로 볼을 돌리며 고무 주걱으로 바닥에서 크게 퍼 올려 전체를 20~25번 섞는다. 날가루가 조금 남으면 된다.

5 볼 옆면과 고무 주걱에 묻은 반죽을 긁어서 넣고, 같은 방법으로 5~10번 섞는다. 날가루가 사라지고, 표면에 윤기가 나면 된다.

6 틀에 5를 넣고, 바닥을 작업대에 2~3번 떨어뜨려서 반죽을 평평하게 한 후 예열한 오븐에서 약 45분간 굽는다.

7 윗면이 노르스름해지고, 나무 꼬치로 찔러도 아무것도 묻어나지 않으면 완성. 종이 포일째 틀에서 꺼내고, 식힘망에 올려서 식힌다.

8 높이의 절반 지점에 맞춰 위아래로 자를 대고 빵칼로 두께를 반으로 자른다ⓐ. 아래쪽 케이크에 딸기잼을 스푼으로 펴 바르고ⓑ 위쪽 케이크를 올린 후 슈거파우더 적당량을 담은 작은 체로 쳐서 뿌린다.

note

빅토리아 여왕과 관련 있는 영국의 과자. 잼은 밖으로 약간 튀어나올 정도로 바르는 것이 좋다. 조금 시간을 두고 잼이 스며들게 하면 자르기 좋다.

프랑부아즈와 장미[G]

재료와 밑준비_ 18㎝ 파운드 틀 1개 분량

무염 발효 버터 80g
전란 2개 분량(100g)
그래뉴당 70g
장미 시럽 1큰술
박력분 95g
냉동 프랑부아즈 30g

- ▶ 키친타월로 겉면의 서리를 가볍게 닦아낸다ⓐ. 손으로 잘게 쪼개서 박력분 1작은술을 살짝 묻히고ⓑ, 냉동실에 넣어 둔다.

아이싱

- 슈거파우더 50g
- 장미 시럽 4작은술
- 물 1/2작은술

장미꽃잎(말린 것) 적당량
말린 프랑부아즈(과립) 적당량

*중탕용 뜨거운 물(약 70℃)을 준비한다.
*틀에 종이 포일을 깐다. → 본문 12쪽
*오븐은 적당한 타이밍에 170℃로 예열한다.

장미 시럽

모닌 사의 고농도 시럽. 홍차나 칵테일에도 활용할 수 있다. 제과 재료 전문점에서 구입 가능하다.

장미꽃잎(말린 것)

식용 장미를 말린 허브티용 꽃잎. 꽃받침이 있으면 제거한다.

말린 프랑부아즈(과립)

라즈베리 또는 나무딸기라고도 하며, 새콤달콤한 맛이 특징이다. 통째로 동결 건조한 제품은 잘게 부숴서 사용한다.

만드는 법

1 볼에 버터를 넣어 중탕으로 녹이고, 잠시 중탕에서 내린다(2에서 달걀물을 넣은 볼을 중탕에서 내린 후 다시 올려 둔다).

2 다른 볼에 달걀과 그래뉴당을 넣고, 켜지 않은 핸드 믹서로 가볍게 섞는다. 이어서 중탕에 올리고 저속으로 돌리며 약 20초간 섞은 후 중탕에서 내린다. 고속으로 올려 전체에 공기가 충분히 들어가도록 2분~2분 30초간 섞는다. 장미 시럽을 넣고 저속으로 낮춰 약 1분간 섞으며 결을 정돈한다.

3 박력분을 체로 치며 넣고, 한쪽 손으로 볼을 돌리며 고무 주걱으로 바닥에서 크게 퍼 올려 전체를 약 20번 섞는다. 날가루가 조금 남으면 된다.

4 1의 버터를 5~6번에 나누어 고무 주걱을 타고 흐르게 넣고, 넣을 때마다 같은 방법으로 5~10번 섞는다. 날가루가 사라지고 표면에 윤기가 나면, 냉동 프랑부아즈를 넣고 크게 약 5번 섞는다.

5 틀에 4를 넣고, 바닥을 작업대에 2~3번 떨어뜨려서 여분의 공기를 뺀 후 예열한 오븐에서 30~35분간 굽는다. 도중에 약 10분이 지나면 물에 적신 칼로 가운데에 칼집을 넣는다.

6 갈라진 곳이 노르스름해지고, 나무 꼬치로 찔러도 아무것도 묻어나지 않으면 완성. 틀 바닥을 2~3번 두드려서 종이 포일째 꺼내고, 뒤집어서 식힘망에 올려서 식힌다.

7 아이싱을 만든다. 슈거파우더를 다용도 체에 담아 치면서 볼에 넣고, 장미 시럽과 물을 조금씩 넣으며 스푼으로 잘 섞는다. 떠 올렸을 때 천천히 떨어지고, 떨어진 자국이 5~6초 후 사라지는 농도로 맞춘다ⓒ.

8 6이 식으면 오븐을 200℃로 예열한다. 오븐 팬에 종이 포일을 깔고 파운드케이크를 올린다. 스푼으로 7의 아이싱을 윗면에 바르고ⓓ, 장미꽃잎과 말린 프랑부아즈를 흩뿌린다ⓔ. 예열한 오븐에서 약 1분간 가열하고, 식힘망에 올려서 말린다.

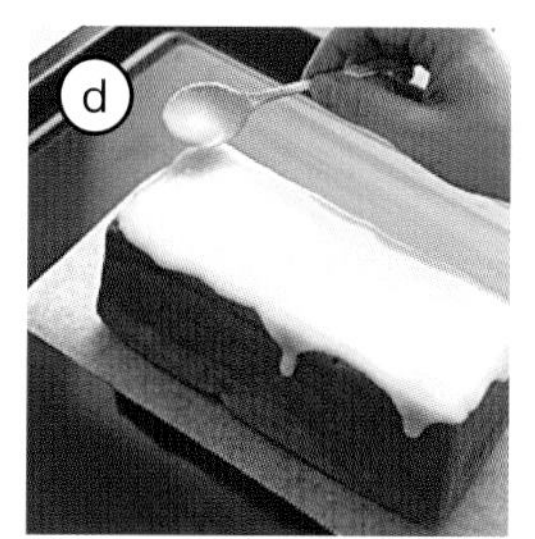

note

- 장미꽃잎을 곁들여 화사한 케이크를 완성했다.
- 냉동 프랑부아즈는 반죽이 묽어지지 않게 박력분을 묻히고, 사용 직전까지 냉동실에 넣어 둔다.
- 깔끔한 인상을 주기 위해 뒤집어서 식힌 후 아이싱을 발랐다. 물론 구워진 모양을 그대로 살려도 된다.

봄 과일 케이크

달콤한 케이크에는 조금 새콤한 과일이 잘 어울립니다.
신선한 오렌지를 듬뿍 넣은 케이크는 직접 만들어서 더욱 맛있어요.

오렌지 필과 커피[G]

▶ 36쪽

신선한 오렌지[Q]

▶ 38쪽

살구와 그래놀라[Q]

▶ 37쪽

아메리칸 체리[Q]

▶ 39쪽

오렌지 필과 커피[G]

재료와 밑준비_ 18㎝ 파운드 틀 1개 분량

무염 발효 버터 80g
전란 2개 분량(100g)
그래뉴당 80g
커피액
　인스턴트커피(과립) 8g
　　▶ 뜨거운 물 2작은술을 2번에 나누어 넣으며 녹인다.
박력분 90g
오렌지 필(주사위 모양) 60g
　아이싱
　슈거파우더 35g
　인스턴트커피(과립) 1g
　　▶ 뜨거운 물 1/2작은술에 녹인다.
　물 1작은술

*중탕용 뜨거운 물(약 70℃)을 준비한다.
*틀에 종이 포일을 깐다. → 본문 12쪽
*오븐은 적당한 타이밍에 170℃로 예열한다.

note

• 가벼운 식감의 커피 맛 케이크. 커피의 은은한 쓴맛과 오렌지 필의 산미가 잘 어울린다.

만드는 법

1 볼에 버터를 넣어 중탕으로 녹이고, 잠시 중탕에서 내린다(2에서 달걀물을 넣은 볼을 중탕에서 내린 후 다시 올려 둔다).

2 다른 볼에 달걀과 그래뉴당을 넣고, 켜지 않은 핸드 믹서로 가볍게 섞는다. 이어서 중탕에 올리고 저속으로 돌리며 약 20초간 섞은 후 중탕에서 내린다. 고속으로 올려 전체에 공기가 충분히 들어가도록 2분~2분 30초간 섞는다. 커피액을 넣고 저속으로 낮춰 약 20초간 섞고, 저속으로 약 1분간 더 섞으며 결을 정돈한다.

3 박력분을 체로 치며 넣고, 한쪽 손으로 볼을 돌리며 고무 주걱으로 바닥에서 크게 퍼 올려 전체를 약 20번 섞는다. 날가루가 조금 남으면 된다.

4 1의 버터를 5~6번에 나누어 고무 주걱을 타고 흐르게 넣고, 넣을 때마다 같은 방법으로 5~10번 섞는다. 날가루가 사라지고 표면에 윤기가 나면, 오렌지 필을 넣고 크게 약 5번 섞는다.

5 틀에 4를 넣고, 바닥을 작업대에 2~3번 떨어뜨려서 여분의 공기를 뺀 후 예열한 오븐에서 30~35분간 굽는다. 도중에 약 10분이 지나면 물에 적신 칼로 가운데에 칼집을 넣는다.

6 갈라진 곳이 노르스름해지고, 나무 꼬치로 찔러도 아무것도 묻어나지 않으면 완성. 틀 바닥을 2~3번 두드려서 종이 포일째 꺼내고, 식힘망에 올려서 식힌다.

7 아이싱을 만든다. 슈거파우더를 다용도 체에 담아 치면서 볼에 넣고, 뜨거운 물에 녹인 커피와 물을 조금씩 넣으며 스푼으로 잘 섞는다. 떠 올렸을 때 천천히 떨어지고, 떨어진 자국이 약 10초 후 사라지는 농도로 맞춘다.

8 6이 식으면 오븐을 200℃로 예열한다. 오븐 팬에 종이 포일을 깔고 파운드케이크를 올려서 스푼으로 7의 아이싱을 윗면에 끼얹는다. 예열한 오븐에서 약 1분간 가열하고, 식힘망에 올려서 말린다.

살구와 그래놀라[Q] 

재료와 밑준비_ 18㎝ 파운드 틀 1개 분량

말린 살구 80g
그랑 마니에르 1큰술
▶ (그랑 마니에르: 코냑에 오렌지 향을 가미한 프랑스산 리큐르)
무염 발효 버터 105g
▶ 상온 상태로 만든다.
그래뉴당 105g
전란 2개 분량(100g)
▶ 상온 상태로 만들어 포크로 풀어준다.
우유 2작은술

A ┌ 박력분 105g
　└ 베이킹파우더 1/4작은술
▶ 합쳐서 체로 친다.

B ┌ 그래놀라 30g
　└ 사탕수수 설탕 1/2작은술
▶ 가볍게 섞는다.

*틀에 종이 포일을 깐다. → 본문 12쪽
*오븐은 적당한 타이밍에 180℃로 예열한다.

만드는 법

1 살구는 끓인 물에 약 5분간 담가서ⓐ 겉면을 불리고, 키친타월로 물기를 닦아낸 후 1㎝로 깍둑 썬다ⓑ. 그랑 마니에르와 섞어서 3시간~하룻밤 동안 재운다.

2 38쪽의 '신선한 오렌지' 3~7과 같은 방법으로 만든다. 다만 3에서 오렌지 껍질은 필요하지 않다. 5에서 달걀을 섞은 후 우유를 넣고, 저속으로 약 10초간 섞는다. 6에서 A를 넣기 전에 1의 살구를 넣고, 고무 주걱으로 가볍게 섞는다.

3 틀에 2를 넣고, 바닥을 작업대에 2~3번 떨어뜨려서 반죽을 평평하게 한 후 고무 주걱으로 가운데가 움푹 들어가게 만든다. B를 고루 흩뿌리고, 예열한 오븐에서 약 50분간 굽는다.

4 윗면이 노르스름해지고, 나무 꼬치로 찔러도 아무것도 묻어나지 않으면 완성. 종이 포일째 틀에서 꺼내고, 식힘망에 올려서 식힌다.

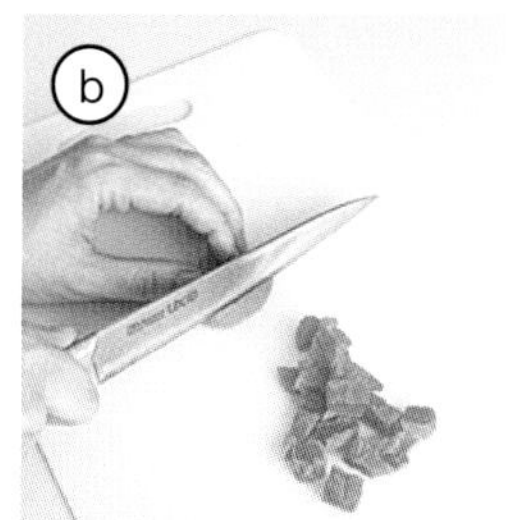

note

- 그래놀라가 수분을 흡수해 퍼석퍼석해지기 쉬워서 반죽에 우유를 넣었다.
- 윗면에 그래놀라를 얹었기 때문에 굽는 도중에 칼집을 내지 않는다.

신선한 오렌지[Q]

재료와 밑준비_ 18㎝ 파운드 틀 1개 분량

오렌지 소테
　오렌지 1개(과육은 150g)
　무염 버터 5g
　그랑 마니에르 2작은술
무염 발효 버터 105g
　▶ 상온 상태로 만든다.
그래뉴당 105g
전란 2개 분량(100g)
　▶ 상온 상태로 만들어 포크로 풀어준다.
A ┌ 박력분 105g
　└ 베이킹파우더 1/4작은술
　▶ 합쳐서 체로 친다.
그랑 마니에르 30~40g

*틀에 종이 포일을 깐다. → 본문 12쪽
*오븐은 적당한 타이밍에 180℃로 예열한다.

note

- 오렌지가 큼직하게 들어간 호사스러운 케이크. 케이크가 단단해지지 않을 정도로 약간 차갑게 해서 먹어도 맛있다.
- 생오렌지를 넣었기 때문에 냉장고에 보관한다. 기준은 1주일 정도.

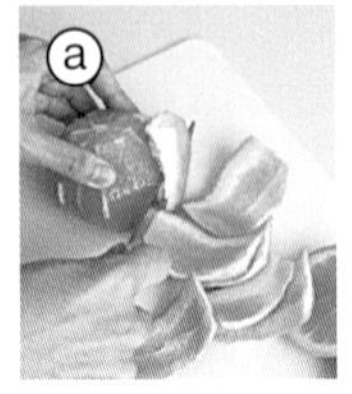
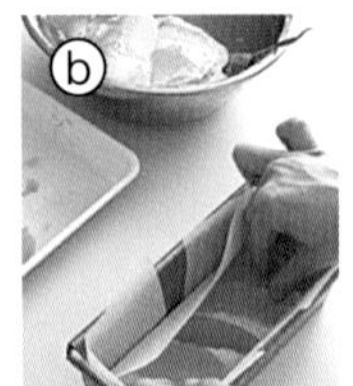
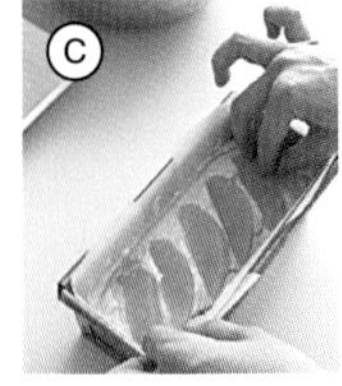

만드는 법

1 오렌지 소테를 만든다. 오렌지는 겉껍질을 강판에 갈아서 따로 보관한다. 남은 오렌지는 위아래를 얇게 잘라내고, 속껍질째 세로로 잘라낸다ⓐ. 속껍질과 과육 사이에 칼을 넣고 한 덩어리씩 과육을 빼낸다.

2 프라이팬을 버터를 넣어 중약불로 달궈서 녹이고, 오렌지 과육을 조심히 넣어 버터를 입히듯이 살살 섞는다. 약간 데워지면 그랑 마니에르를 넣고 가볍게 버무린 후 배트에 꺼내 식힌다. 오렌지 소테 완성.

3 볼에 버터, 그래뉴당, 1의 오렌지 껍질을 넣고, 고무 주걱으로 그래뉴당이 완전히 어우러질 때까지 바닥을 비비며 섞는다.

4 핸드 믹서를 고속으로 돌리며 전체에 공기가 충분히 들어가도록 2분~2분 30초간 섞는다.

5 달걀을 약 10번에 나누어 넣고, 넣을 때마다 핸드 믹서를 고속으로 돌리며 30초~1분간 섞는다.

6 A를 넣고, 한쪽 손으로 볼을 돌리며 고무 주걱으로 바닥에서 크게 퍼 올려 전체를 20~25번 섞는다. 날가루가 조금 남으면 된다.

7 볼 옆면과 고무 주걱에 묻은 반죽을 긁어서 넣고, 같은 방법으로 5~10번 섞는다. 날가루가 사라지고, 표면에 윤기가 나면 된다.

8 틀에 7의 1/3을 넣고, 스푼 뒷면으로 반죽 위를 평평하게 한 후 둘레를 2㎝ 정도 남기고 오렌지 소테의 반을 비스듬히 배열해 넣는다ⓑ. 이를 한 번 더 반복하고(오렌지 위치를 반대로 배열한다)ⓒ, 남은 7을 넣어 윗면을 평평하게 정돈한 후 예열한 오븐에서 45~50분간 굽는다. 도중에 약 15분이 지나면 물에 적신 칼로 가운데에 칼집을 넣는다.

9 갈라진 곳이 노르스름해지고, 나무 꼬치로 찔러도 아무것도 묻어나지 않으면 완성. 종이 포일째 틀에서 꺼내서 식힘망에 올리고, 뜨거울 때 그랑 마니에르를 솔로 윗면, 옆면에 바른다. 곧바로 랩으로 단단히 감싸서 그대로 식힌다.

아메리칸 체리[Q]

재료와 밑준비_ 18㎝ 파운드 틀 1개 분량

무염 발효 버터 50g

▶ 상온 상태로 만든다.

사워크림 70g

그래뉴당 100g

전란 2개 분량(100g)

▶ 상온 상태로 만들어 포크로 풀어준다.

A ┌ 박력분 110g
└ 베이킹파우더 1/2작은술

▶ 합쳐서 체로 친다.

아메리칸 체리 70g

▶ 칼을 대고 세로로 한 바퀴 돌려 칼집을 내서 둘로 나눈다. 씨가 있는 쪽은 한 번 더 세로로 칼집을 넣어 씨를 제거하고, 나머지 한쪽은 세로로 반을 자른다.

*틀에 종이 포일을 깐다. → 본문 12쪽

*오븐은 적당한 타이밍에 180℃로 예열한다.

만드는 법

1 볼에 버터를 넣고, 고무 주걱으로 누르듯이 개서 매끈하게 만든다. 사워크림을 4~5번에 나누어 넣고, 넣을 때마다 전체가 어우러질 때까지 섞는다. 그래뉴당을 넣고 완전히 어우러질 때까지 바닥을 비비며 섞는다.

2 38쪽의 '신선한 오렌지' 4~7과 같은 방법으로 만든다. 다만 7에서 표면에 윤기가 나면 아메리칸 체리를 넣고 가볍게 섞는다.

3 틀에 2를 넣고, 바닥을 작업대에 2~3번 떨어뜨려서 반죽을 평평하게 한 후 예열한 오븐에서 약 45분간 굽는다. 도중에 약 15분이 지나면 물에 적신 칼로 가운데에 칼집을 넣는다.

4 갈라진 곳이 노르스름해지고, 나무 꼬치로 찔러도 아무것도 묻어나지 않으면 완성. 종이 포일째 틀에서 꺼내고, 식힘망에 올려서 식힌다.

note

- 사워크림의 산미가 느껴지는 촉촉한 케이크. 조금 차갑게 해서 먹어도 맛있다.
- 생 아메리칸 체리를 구할 수 없다면 통조림을 써도 된다.

봄의 티타임

차를 넣어 풍부한 향을 즐길 수 있는 파운드케이크입니다. 풍미를 끌어 올려주는 과일도 함께 넣었어요.

말차와 레몬 필[Q] 

재료와 밑준비_ 18㎝ 파운드 틀 1개 분량

무염 발효 버터 105g
▶ 상온 상태로 만든다.
그래뉴당 105g
전란 2개 분량(100g)
▶ 상온 상태로 만들어 포크로 풀어준다.
A ┌ 박력분 105g
  └ 베이킹파우더 1/4작은술
▶ 합쳐서 체로 친다.
레몬 필(주사위 모양) 50g
말차 가루 2와 1/2작은술
우유 1큰술

*틀에 종이 포일을 깐다. → 본문 12쪽
*오븐은 적당한 타이밍에 180℃로 예열한다.

레몬 필
레몬 껍질을 설탕에 절인 것. 레몬 콩피라고도 하며, 산뜻한 산미와 향이 매력이다.

note
- 레몬 필의 산미가 말차의 씁쓸한 맛을 돋보이게 해주는 고급스러운 케이크. 레몬 필 대신 오렌지 필이나 화이트 초콜릿으로 만들어도 어울린다.

만드는 법

1 볼에 버터와 그래뉴당을 넣고, 고무 주걱으로 그래뉴당이 완전히 어우러질 때까지 바닥을 비비며 섞는다.

2 핸드 믹서를 고속으로 돌리며 전체에 공기가 충분히 들어가도록 2분~2분 30초간 섞는다.

3 달걀을 약 10번에 나누어 넣고, 넣을 때마다 핸드 믹서를 고속으로 돌리며 30초~1분간 섞는다.

4 A를 넣고, 한쪽 손으로 볼을 돌리며 고무 주걱으로 바닥에서 크게 퍼 올려 전체를 20~25번 섞는다. 날가루가 조금 남으면 된다.

5 다른 볼에 150g을 덜어 둔다ⓐ.

6 4의 볼에 레몬 필을 넣고, 고무 주걱으로 같은 방법으로 약 5번 섞는다ⓑ. 날가루가 사라지고, 표면에 윤기가 나면 된다.

7 5의 볼에 말차 가루를 작은 체에 담아 치면서 넣고, 같은 방법으로 8~10번 섞는다ⓒ. 우유를 약 2번에 나누어 고무 주걱을 타고 흐르게 넣고, 넣을 때마다 같은 방법으로 약 5번 섞는다. 날가루가 사라지고 표면에 윤기가 나면, 6의 볼에 넣고ⓓ 크게 2~3번 섞는다ⓔ.

8 틀에 7을 넣고, 바닥을 작업대에 2~3번 떨어뜨려서 반죽을 평평하게 한다. 고무 주걱으로 가운데가 움푹 들어가게 만들고, 예열한 오븐에서 30~40분간 굽는다. 도중에 약 15분이 지나면 물에 적신 칼로 가운데에 칼집을 넣는다.

9 갈라진 곳이 노르스름해지고, 나무 꼬치로 찔러도 아무것도 묻어나지 않으면 완성. 종이 포일째 틀에서 꺼내고, 식힘망에 올려서 식힌다.

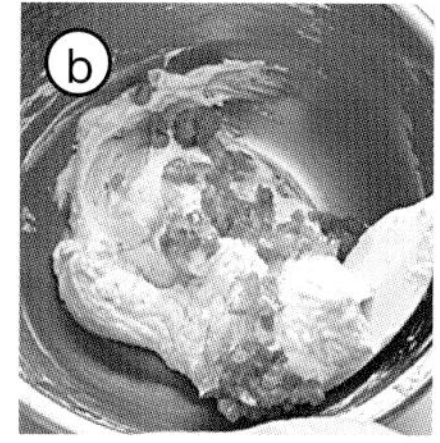

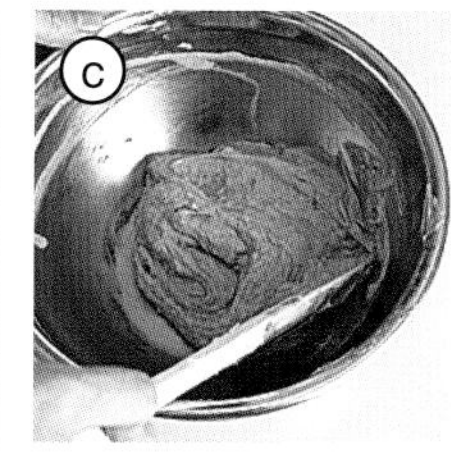

호지차[G]

재료와 밑준비_ 18㎝ 파운드 틀 1개 분량

무염 발효 버터 80g

전란 2개 분량(100g)

그래뉴당 80g

A
- 박력분 80g
  - ▶ 체로 친다.
- 호지차 잎 10g
  - ▶ 절구에 잘게 간다.

▶ 가볍게 섞는다.

살구 잼 적당량

*중탕용 뜨거운 물(약 70℃)을 준비한다.

*틀에 종이 포일을 깐다. → 본문 12쪽

*오븐은 적당한 타이밍에 170℃로 예열한다.

note

• 호지차는 찻잎이 자잘한 티백 제품을 쓰는 것이 좋다.

만드는 법

1 볼에 버터를 넣어 중탕으로 녹이고, 잠시 중탕에서 내린다(2에서 달걀물을 넣은 볼을 중탕에서 내린 후 다시 올려 둔다).

2 다른 볼에 달걀과 그래뉴당을 넣고, 켜지 않은 핸드 믹서로 가볍게 섞는다. 이어서 중탕에 올리고 저속으로 돌리며 약 20초간 섞은 후 중탕에서 내린다. 고속으로 올려 전체에 공기가 충분히 들어가도록 2분~2분 30초간 섞고, 저속으로 낮춰 약 1분간 섞으며 결을 정돈한다.

3 A를 넣고, 한쪽 손으로 볼을 돌리며 고무 주걱으로 바닥에서 크게 퍼 올려 전체를 약 20번 섞는다. 날가루가 조금 남으면 된다.

4 1의 버터를 5~6번에 나누어 고무 주걱을 타고 흐르게 넣고, 넣을 때마다 같은 방법으로 5~10번 섞는다. 날가루가 사라지고, 표면에 윤기가 나면 된다.

5 틀에 4를 넣고, 바닥을 작업대에 2~3번 떨어뜨려서 여분의 공기를 뺀 후 예열한 오븐에서 30~35분간 굽는다. 도중에 약 10분이 지나면 물에 적신 칼로 가운데에 칼집을 넣는다.

6 갈라진 곳이 노르스름해지고, 나무 꼬치로 찔러도 아무것도 묻어나지 않으면 완성. 틀 바닥을 2~3번 두드려서 종이 포일째 꺼내고, 식힘망에 올려서 식힌다. 원하는 크기로 잘라서 살구 잼을 곁들인다.

벚꽃과 매실

화과자에 자주 쓰이는 벚꽃과 매실을 파운드케이크에 응용해 봤어요. 친숙한 맛이라 다양한 연령층에 사랑받을 거예요.

벚꽃과 크랜베리[Q]

▶ 44쪽

매실주[Q]

▶ 45쪽

벚꽃과 크랜베리[Q]

재료와 밑준비_ 18㎝ 파운드 틀 1개 분량

말린 크랜베리 40g
키르슈 1큰술
무염 발효 버터 105g
▶ 상온 상태로 만든다.
그래뉴당 105g
전란 2개 분량(100g)
▶ 상온 상태로 만들어 포크로 풀어준다.
벚꽃 소금 절임 30g
▶ 물에 약 30분간 담가서 짠맛을 빼고, 손으로 물기를 짜서 키친타월로 물기를 닦은 후 굵게 다진다.

A ┌ 박력분 105g
  └ 베이킹파우더 1/4작은술
▶ 합쳐서 체로 친다.

아이싱
슈거파우더 20g
키르슈 1/2작은술
▶ (키르슈 : 체리를 증류해 만든 브랜디)
물 1/2작은술

*틀에 종이 포일을 깐다. → 본문 12쪽
*오븐은 적당한 타이밍에 180℃로 예열한다.

만드는 법

1 크랜베리는 끓인 물을 끼얹고, 키친타월로 물기를 닦아낸다. 키르슈와 섞어서 3시간~하룻밤 동안 재운다.

2 볼에 버터와 그래뉴당을 넣고, 고무 주걱으로 그래뉴당이 완전히 어우러질 때까지 바닥을 비비며 섞는다.

3 핸드 믹서를 고속으로 돌리며 전체에 공기가 충분히 들어가도록 2분~2분 30초간 섞는다.

4 달걀을 약 10번에 나누어 넣고, 넣을 때마다 핸드 믹서를 고속으로 돌리며 30초~1분간 섞는다.

5 벚꽃잎과 1의 크랜베리를 넣고, 고무 주걱으로 가볍게 섞는다. A를 넣고, 한쪽 손으로 볼을 돌리며 고무 주걱으로 바닥에서 크게 퍼 올려 전체를 20~25번 섞는다. 날가루가 조금 남으면 된다.

6 볼 옆면과 고무 주걱에 묻은 반죽을 긁어서 넣고, 같은 방법으로 5~10번 섞는다. 날가루가 사라지고, 표면에 윤기가 나면 된다.

7 틀에 6을 넣고, 바닥을 작업대에 2~3번 떨어뜨려서 반죽을 평평하게 한다. 고무 주걱으로 가운데가 움푹 들어가게 만들고, 예열한 오븐에서 약 45분간 굽는다. 도중에 약 15분이 지나면 물에 적신 칼로 가운데에 칼집을 넣는다.

8 갈라진 곳이 노르스름해지고, 나무 꼬치로 찔러도 아무것도 묻어나지 않으면 완성. 종이 포일째 틀에서 꺼내고, 식힘망에 올려서 식힌다.

9 아이싱을 만든다. 슈거파우더를 작은 체에 담아 치면서 볼에 넣고, 키르슈와 물을 조금씩 넣으며 스푼으로 잘 섞는다. 떠 올렸을 때 천천히 떨어지고, 떨어진 자국이 약 10초 후 사라지는 농도로 맞춘다.

10 8이 식으면 오븐을 200℃로 예열한다. 오븐 팬에 종이 포일을 깔고 파운드케이크를 올려서 스푼으로 9의 아이싱을 윗면에 끼얹는다. 예열한 오븐에서 약 1분간 가열하고, 식힘망에 올려서 말린다.

note
• 벚꽃 잎의 은은한 짭짤함이 케이크 맛의 기본을 잡아주어, 고급스러운 맛을 낸다. 차에도 잘 어울린다.

매실주[Q]

재료와 밑준비_ 14㎝ 구겔호프 틀 1개 분량

무염 발효 버터 105g
  ▶ 상온 상태로 만든다.
그래뉴당 105g
전란 2개 분량(100g)
  ▶ 상온 상태로 만들어 포크로 풀어준다.
매실주 2작은술+1큰술
매실주에 들어있는 매실 70g
  ▶ 칼을 대고 세로로 한 바퀴 돌려 칼집을 내서 둘로 나눈다. 씨가 있는 쪽은 한 번 더 세로로 칼집을 넣어 씨를 제거하고, 길이를 반으로 자른다. 나머지 한쪽은 4등분으로 자른다.

A ┌ 박력분 90g
  │ 아몬드가루 15g
  └ 베이킹파우더 1/4작은술
  ▶ 합쳐서 체로 친다.

아이싱
  슈거파우더 50g
  매실주 2작은술
아몬드 다이스(구운 것) 적당량

*틀에 크림 형태로 만든 버터 적당량(분량 외)을 솔로 바르고, 강력분 적당량(분량 외)을 뿌리고 털어낸다.
→ 본문 15쪽
*오븐은 적당한 타이밍에 180℃로 예열한다.

매실주
매실이 들어있는 제품을 고른다. 알코올 도수와 맛은 취향에 맞게 선택해도 된다.

만드는 법

1 44쪽의 '벚꽃과 크랜베리' 2~7과 같은 방법으로 만든다. 다만 5에서 벚꽃잎과 크랜베리 대신 매실주 2작은술과 매실을 넣는다. 7에서 가운데가 움푹 들어가게 만드는 작업과 칼집을 내는 작업은 필요하지 않고, 굽는 시간은 45~50분으로 한다.

2 윗면이 노르스름해지고, 나무 꼬치로 찔러도 아무것도 묻어나지 않으면 완성. 틀 옆면을 2~3번 두드려 뒤집어서 꺼내고, 식힘망에 올려서 뜨거울 때 매실주 1큰술을 솔로 겉면에 바른다. 곧바로 랩으로 단단히 감싸서 그대로 식힌다.

3 아이싱을 만든다. 슈거파우더를 다용도 체에 담아 치면서 볼에 넣고, 매실주를 조금씩 넣으며 스푼으로 잘 섞는다. 떠 올렸을 때 천천히 떨어지고, 떨어진 자국이 5~6초 후 사라지는 농도로 맞춘다.

4 2가 식으면 랩을 벗기고, 스푼으로 2의 아이싱을 윗면에 끼얹는다. 아몬드 다이스를 흩뿌리고, 그대로 말린다.

note

- 매실주와 아몬드가루로 촉촉한 반죽을 만들었다.
- 아이싱을 끼얹은 후 200℃의 오븐에서 약 1분간 가열하면 흘러내리므로 그대로 말린다.
- 18㎝ 파운드 틀로도 같은 방법으로 만들 수 있다. 지름 14㎝ 구겔호프 틀로 만들면 반죽이 조금 넘치므로 코코트에 덜어서 함께 구우면 된다(자세한 내용은 본문 151쪽 참조).

완두콩과 셰브르 치즈[S]

▶ 48쪽

봄의 케이크 살레

'짭짤한 파운드케이크'를 뜻하는 케이크 살레는 홈파티의 전채요리로 제격이랍니다. 제철 재료를 활용해 계절감을 연출해 보세요.

메추리알, 누에콩, 파프리카[S]

▶ 49쪽

벚꽃새우와 봄 양배추[S]

▶ 50쪽

완두콩과 셰브르 치즈[S] 

재료와 밑준비_ 18㎝ 파운드 틀 1개 분량

전란 2개 분량(100g)
 ▶ 상온 상태로 만든다.
샐러드유 60g
우유 50g
치즈 가루 30g
셰브르 치즈 35g
 ▶ 한입 크기로 자른다.
냉동 완두콩 40g
 ▶ 소금을 약간 넣은 끓는 물에 약 30초간 데쳐서 얼음물에 담가 식힌 후 키친타월로 물기를 닦아 낸다.
말린 살구 30g
 ▶ 끓인 물에 약 5분간 담가ⓐ 겉면을 불리고, 키친타월로 물기를 닦아내고 1㎝로 깍둑 썬다.

A
- 박력분 100g
- 베이킹파우더 1작은술
- 소금 1/4작은술
- 굵게 간 흑후추 약간

 ▶ 합쳐서 체로 친다.

(셰브르 치즈 : 염소젖으로 만든 치즈(옮긴이 주))

*틀에 종이 포일을 깐다. → 본문 12쪽
*오븐은 적당한 타이밍에 180℃로 예열한다.

만드는 법

1 볼에 달걀과 샐러드유를 넣고, 거품기로 완전히 어우러질 때까지 충분히 섞는다. 우유를 넣고, 같은 방법으로 섞는다.

2 치즈 가루, 셰브르 치즈, 완두콩, 살구를 넣고 요리용 젓가락으로 가볍게 섞는다.

3 A를 넣고, 한쪽 손으로 볼을 돌리며 요리용 젓가락으로 바닥에서 크게 퍼 올려 전체를 15~20번 섞는다. 고무 주걱으로 볼 옆면에 붙은 반죽을 긁어서 넣고, 같은 방법으로 1~2번 섞는다. 날가루가 아주 조금 남으면 된다.

4 틀에 3을 넣고, 바닥을 작업대에 2~3번 떨어뜨려서 여분의 공기를 뺀 후 고무 주걱으로 윗면을 가볍게 정돈한다. 예열한 오븐에서 30~35분간 굽는다.

5 윗면이 노르스름해지고, 나무 꼬치로 찔러도 아무것도 묻어나지 않으면 완성. 틀째 식힘망에 올리고, 한 김 식으면 종이 포일째 꺼내서 식힌다.

note

- 2가지 치즈를 사용하고, 단면의 색감이 봄 분위기를 자아내는 케이크.
- 셰브르 치즈의 산미와 살구의 은은한 단맛이 최고의 궁합을 자랑한다.

메추리알, 누에콩, 파프리카[S] 

재료와 밑준비_ 18㎝ 파운드 틀 1개 분량

전란 2개 분량(100g)
▶ 상온 상태로 만든다.
샐러드유 60g
우유 50g
치즈 가루 30g
메추리알(삶은 것) 6개
냉동 누에콩(얇은 껍질이 있는 것) 10~12개(60g)
▶ 소금을 약간 넣은 끓는 물에 약 30초간 데쳐서 얼음물에 넣어 식히고, 알맹이를 빼낸다. 키친타월로 물기를 닦아내고, 토핑용 5개를 덜어 둔다.
파프리카(적) 큰 것 1/2개(100g)
▶ 세로로 2.5㎝ 폭으로 썰고, 2조각은 비스듬히 반으로 썰어 삼각형을 만든다. 나머지는 사방 2.5㎝로 썬다ⓐ. 모두 소금을 약간 넣은 끓는 물에 약 1분간 데쳐서 식히고, 키친타월로 물기를 닦아 낸다.
타임 2줄기+적당량
▶ 2줄기는 잎을 딴다.

A
- 박력분 100g
- 베이킹파우더 1작은술
- 소금 1/4작은술
- 굵게 간 흑후추 약간

▶ 합쳐서 체로 친다.

*틀에 종이 포일을 깐다. → 본문 12쪽
*오븐은 적당한 타이밍에 180℃로 예열한다.

만드는 법

1 48쪽의 '완두콩과 셰브르 치즈' 1~5와 같은 방법으로 만든다. 다만 2에서 셰브르 치즈, 완두콩, 살구 대신 메추리알, 누에콩 5~7개, 사방 2.5㎝로 썬 파프리카, 타임 잎 2줄기 분량을 넣는다. 4에서 반죽 윗면을 고른 후 남은 누에콩 5개, 삼각형으로 썬 파프리카, 타임 적당량을 올리고 굽는다.

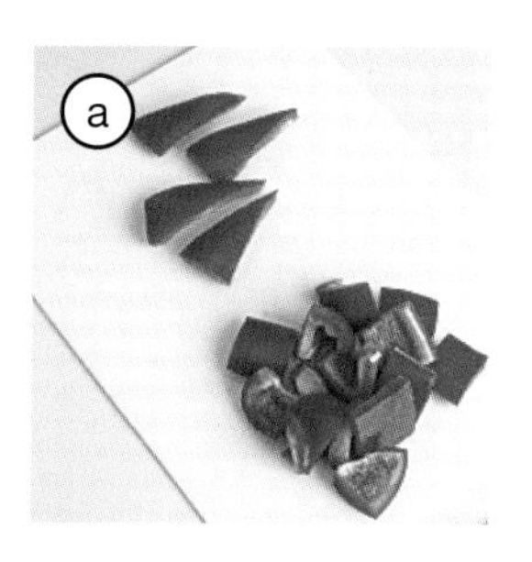

note
- 부활절을 이미지화한 케이크. 씹는 맛이 좋고, 잘랐을 때 단면이 화려하다.

벚꽃새우와 봄 양배추[S] 

재료와 밑준비_ 18㎝ 파운드 틀 1개 분량

전란 2개 분량(100g)
▶ 상온 상태로 만든다.
샐러드유 60g
우유 50g
치즈 가루 30g
벚꽃새우 10g
▶ 프라이팬을 약불로 달궈서 기름을 두르지 않고 볶는다. 토핑용으로 2g을 덜어 둔다.
양배추 소테
샐러드유 1작은술
양배추(있으면 봄 양배추) 100g
▶ 한입 크기로 썬다.
소금 약간
▶ 프라이팬에 샐러드유를 두르고 중불로 달군다. 양배추와 소금을 넣고 숨이 죽을 때까지 볶은 후 배트에 꺼내서 식힌다.

A
- 박력분 100g
- 베이킹파우더 1작은술
- 소금 1/4작은술
- 굵게 간 흑후추 약간

▶ 합쳐서 체로 친다.

(벚꽃새우(사쿠라에비) : 일본 시즈오카현 스루가만에서 잡히는 새우로, 주로 봄에 잡히며 말린 빛깔이 벚꽃을 닮았다. 껍질이 얇고 단맛과 풍미가 강하다(옮긴이 주))

*틀에 종이 포일을 깐다. → 본문 12쪽
*오븐은 적당한 타이밍에 180℃로 예열한다.

만드는 법

1 볼에 달걀과 샐러드유를 넣고, 거품기로 완전히 어우러질 때까지 충분히 섞는다. 우유를 넣고, 같은 방법으로 섞는다.

2 치즈 가루, 벚꽃새우 8g, 양배추 소테를 넣고 요리용 젓가락으로 가볍게 섞는다.

3 A를 넣고, 한쪽 손으로 볼을 돌리며 요리용 젓가락으로 바닥에서 크게 퍼 올려 전체를 15~20번 섞는다. 고무 주걱으로 볼 옆면에 붙은 반죽을 긁어서 넣고, 같은 방법으로 1~2번 섞는다. 날가루가 아주 조금 남으면 된다.

4 틀에 3을 넣고, 바닥을 작업대에 2~3번 떨어뜨려서 여분의 공기를 뺀 후 고무 주걱으로 윗면을 가볍게 정돈한다. 남은 벚꽃새우 2g을 고루 흩뿌리고, 예열한 오븐에서 30~35분간 굽는다.

5 윗면이 노르스름해지고, 나무 꼬치로 찔러도 아무것도 묻어나지 않으면 완성. 틀째 식힘망에 올리고, 한 김 식으면 종이 포일째 꺼내서 식힌다.

note
- 벚꽃새우는 기름 없이 볶아서 단맛과 향을 끌어 올린다.

Été

산뜻해서 더 맛있는 여름 케이크

레몬 케이크

잘 알려진 위크엔드를 비롯해 파운드케이크와 레몬은 최고의 궁합을 자랑합니다. 다양한 형태로 레몬을 즐길 수 있게 만들었어요.

위크엔드 시트론 [G]

▶ 54쪽

레몬과 바질[H]

▶ 55쪽

레몬 커드[Q]

▶ 56쪽

위크엔드 시트론[G] 

재료와 밑준비_ 18㎝ 파운드 틀 1개 분량

무염 발효 버터 80g
전란 2개 분량(100g)
그래뉴당 80g
레몬 껍질 1개 분량
▶ 강판에 간다.
박력분 100g
시럽
설탕 2작은술
▶ 자그마한 내열 볼에 넣고 물 2작은술을 넣어 랩을 씌우지 않고 도중에 스푼으로 1~2번 저으며 전자레인지로 약 30초간 가열한다(완성된 시럽의 1큰술만 사용한다).
레몬즙 1큰술
▶ 섞는다.
아이싱
슈거파우더 110g
레몬즙 1과 1/2큰술
피스타치오(구운 것) 적당량
▶ 잘게 다진다.

*중탕용 뜨거운 물(약 70℃)을 준비한다.
*틀에 종이 포일을 깐다. → 본문 12쪽
*오븐은 적당한 타이밍에 170℃로 예열한다.

만드는 법

1 본문 20쪽 '기본 반죽② 제누와즈' 1~6과 같은 방법으로 만든다. 다만 2에서 달걀, 그래뉴당과 함께 레몬 껍질도 넣는다.

2 1이 뜨거울 때 시럽을 솔로 윗면, 옆면에 바른다. 곧바로 랩으로 단단히 감싸서 그대로 식힌다.

3 아이싱을 만든다. 슈거파우더를 다용도 체에 담아 치면서 볼에 넣고, 레몬즙을 조금씩 넣으며 스푼으로 잘 섞는다. 떠 올렸을 때 천천히 떨어지고, 떨어진 자국이 5~6초 후 사라지는 농도로 맞춘다.

4 2가 식으면 오븐을 200℃로 예열한다. 오븐 팬에 종이 포일을 깔고 랩을 벗긴 파운드케이크를 올린다. 팔레트나이프로 3의 아이싱을 윗면, 옆면에 바르고 피스타치오를 흩뿌린다. 예열한 오븐에서 약 1분간 가열하고, 식힘망에 올려서 말린다.

note

- '주말의 과자'라는 뜻의 가토 위크엔드는 레몬을 사용한 전통적인 구움 과자이다. 파운드 틀로 만드는 가장 보편적인 과자 중 하나이다.
- 굽지 않은 피스타치오를 준비했다면 160℃로 예열한 오븐에서 약 5분간 굽는다.

레몬과 바질[H]

재료와 밑준비_ 18㎝ 파운드 틀 1개 분량

레몬 콩피
  물 40g
  그래뉴당 40g
  둥글게 썬 레몬(두께 2㎜) 5장
전란 2개 분량(100g)
  ▶ 상온 상태로 만든다.
그래뉴당 80g
소금 1자밤
레몬 껍질 1/2개 분량
  ▶ 강판에 간다.
A ┌ 올리브유 50g
  │ 바질 잎 6g
  └ ▶ 잘게 다진다.
  ▶ 섞는다
레몬즙 10g
B ┌ 박력분 100g
  │ 베이킹파우더 1/2작은술
  └ ▶ 합쳐서 체로 친다.
우유 40g

*틀에 종이 포일을 깐다. → 본문 12쪽
*오븐은 적당한 타이밍에 180℃로 예열한다.

만드는 법

1 레몬 콩피를 만든다. 작은 냄비에 물과 그래뉴당을 넣고, 가볍게 섞어서 중불에 올린다. 그래뉴당이 녹으면 둥글게 썬 레몬을 늘어놓는다. 레몬을 눌러 줄 작은 뚜껑을 덮어서 약불로 낮추고, 레몬의 속껍질이 투명해질 때까지 8~10분간 조린다. 그대로 식힌다.

2 본문 24쪽 '기본 반죽③ 오일 반죽' 1~6과 같은 방법으로 만든다. 다만 1에서 달걀, 그래뉴당과 함께 소금, 레몬 껍질도 넣는다. 2에서 샐러드유 대신 A를 넣고, 전체가 어우러지면 저속으로 섞기 전에 레몬즙을 넣는다. 3에서 A대신 B를 넣는다. 5에서 칼집은 넣지 않고, 잠시 꺼내서 1의 레몬 콩피를 올린다.

note

- 레몬과 바질의 상쾌한 향이 올리브유의 풍미와 잘 어울린다.
- 약간 가벼운 식감을 내고 싶다면 올리브유 양의 절반을 샐러드유로 대체하면 된다.

레몬 커드[Q] 

재료와 밑준비_ 18㎝ 파운드 틀 1개 분량

레몬 커드
- 전란 1개 분량(50g)
- 그래뉴당 40g
- 콘스타치 5g
- 레몬즙 40g
- 무염 버터 15g
  - ▶ 냉장고에 넣어 차갑게 만든다.

크럼블
- 무염 발효 버터 20g
  - ▶ 냉장고에 넣어 차갑게 만든다.
- 그래뉴당 20g
- 박력분 20g
- 아몬드가루 20g
- 소금 1자밤

무염 발효 버터 105g
- ▶ 상온 상태로 만든다.

그래뉴당 105g

레몬 껍질 1/2개 분량
- ▶ 강판에 간다

전란 2개 분량(100g)
- ▶ 상온 상태로 만들어 포크로 풀어준다.

A
- 박력분 95g
- 아몬드가루 10g
- 베이킹파우더 1/4작은술
  - ▶ 합쳐서 체로 친다.

슈거파우더 적당량

*틀에 종이 포일을 깐다. → 본문 12쪽

*오븐은 적당한 타이밍에 180℃로 예열한다.

콘스타치

옥수수를 원료로 만든 전분. 요리에 걸쭉함을 줄 때 자주 쓰인다.

만드는 법

1 레몬 커드를 만든다. 볼에 달걀, 그래뉴당, 콘스타치 순으로 넣고, 넣을 때마다 거품기로 섞는다. 전체가 어우러지면 레몬즙을 넣고 가볍게 섞는다.

2 작은 냄비에 1을 넣어 중불에 올리고, 거품기로 끊임없이 저으며 가열한다. 걸쭉한 크림 형태가 되고 거품기가 지나간 자국이 남을 정도가 되면 불을 끄고ⓐ, 버터를 넣어 남은 열로 녹이며 섞는다.

3 다용도 체에 내리며 랩을 깔아 둔 내열 배트에 옮겨 담는다ⓑ. 약 2㎝ 두께의 직사각형이 되도록 모양을 잡아 랩을 딱 붙여서 감싸고ⓒ, 냉동실에서 차갑게 굳힌다. 주방용 칼로 16등분으로 잘라 40g, 40g, 30g으로 나누고ⓓ, 다시 냉동실에 넣어 둔다. 레몬 커드 완성.

4 크럼블을 만든다. 볼에 크럼블 재료를 모두 넣고, 스크레이퍼로 버터를 자르며 가루 재료를 묻힌다. 버터가 작아지면 손끝으로 으깨며 재빨리 비벼 섞는다ⓔ. 전체가 어우러지고 버터가 소보로 형태가 되면 냉동실에 넣어 차갑게 굳힌다.

5 다른 볼에 버터, 그래뉴당, 레몬 껍질을 넣고, 고무 주걱으로 그래뉴당이 완전히 어우러질 때까지 바닥을 비비며 섞는다.

6 핸드 믹서를 고속으로 돌리며 전체에 공기가 충분히 들어가도록 2분~2분 30초간 섞는다.

7 달걀을 약 10번에 나누어 넣고, 넣을 때마다 핸드 믹서를 고속으로 돌리며 30초~1분간 섞는다.

8 A를 넣고, 한쪽 손으로 볼을 돌리며 고무 주걱으로 바닥에서 크게 퍼 올려 전체를 20~25번 섞는다. 날가루가 조금 남으면 된다.

9 볼 옆면과 고무 주걱에 묻은 반죽을 긁어서 넣고, 같은 방법으로 5~10번 섞는다. 날가루가 사라지고, 표면에 윤기가 나면 된다.

10 틀에 9의 1/3을 넣고, 스푼 뒷면으로 윗면을 평평하게 한 후 둘레를 2㎝ 정도 남기고 3의 레몬 커드 40g을 올린다ⓕ. 이를 한 번 더 반복하고, 남은 9를 넣어 윗면을 평평하게 정돈한다. 남은 레몬 커드 30g을 올리고, 사이사이에 4의 크럼블을 올린다ⓖ. 예열한 오븐에서 약 50분간 굽는다.

11 크럼블이 노릇해지고, 나무 꼬치로 찔러도 아무것도 묻어나지 않으면 완성. 종이 포일째 틀에서 꺼내고, 식힘망에 올려서 식힌다. 슈거파우더를 담은 작은 체로 쳐서 뿌린다.

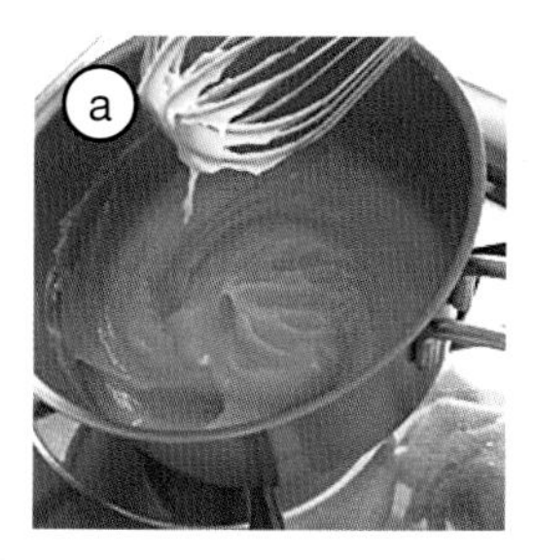

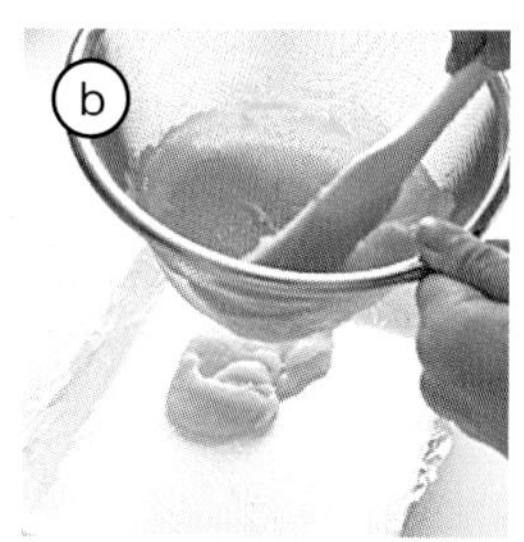

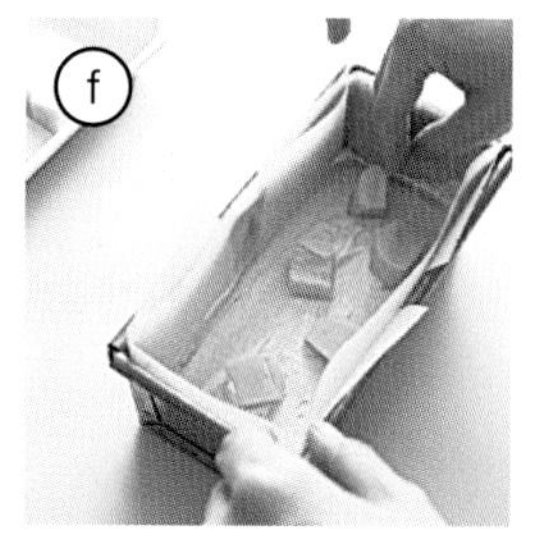

note

- 진하고 차진 레몬 커드, 부슬부슬한 크럼블의 식감이 별미다.
- 레몬 커드는 멍울이 생기지 않도록 끊임없이 저어주며 가열할 것. 차갑게 굳은 것을 40g, 40g, 30g으로 나눌 때는 대강 해도 된다.

바나나와 카르다몸[H]

▶ 60쪽

바나나 케이크[Q]

▶ 61쪽

바나나 케이크

카르다몸을 넣어 조금은 어른스러운 맛을 내고, 초콜릿을 넣어 포만감을 더해 봤습니다. 상하기 쉬우므로 냉장고에 보관하세요.

브라우니 풍 초콜릿 바나나 케이크[Q]

▶ 62쪽

바나나와 카르다몸[H] 

재료와 밑준비_ 18㎝ 파운드 틀 1개 분량

전란 2개 분량(100g)
▶ 상온 상태로 만든다.
사탕수수 설탕 80g
샐러드유 50g
바나나 50g+1개
▶ 50g은 포크 뒷면으로 으깨서 퓌레 형태로 만든다ⓐ.

A
- 박력분 100g
- 베이킹파우더 1/2작은술
- 카르다몸 가루 1작은술

▶ 합쳐서 체로 친다.
우유 50g

*틀에 종이 포일을 깐다. → 본문 12쪽
*오븐은 적당한 타이밍에 180℃로 예열한다.

note
- 바나나의 단맛에 카르다몸의 청량감을 더해 뒷맛이 깔끔하다.
- 퓌레 형태로 만든 바나나를 넣었기 때문에 기본 반죽보다 식감이 쫀득하다.

만드는 법

1 볼에 달걀과 사탕수수 설탕을 넣고, 켜지 않은 핸드 믹서로 가볍게 섞다가 고속으로 돌리며 약 1분간 섞는다.

2 샐러드유를 4~5번에 나누어 넣고, 넣을 때마다 핸드 믹서를 고속으로 돌리며 약 10초간 섞는다. 전체가 어우러지면 저속으로 낮춰 약 1분간 더 섞으며 결을 정돈한다.

3 퓌레 형태로 만든 바나나 50g을 넣고, 고무 주걱으로 가볍게 섞는다. A를 넣고, 한쪽 손으로 볼을 돌리며 고무 주걱으로 바닥에서 크게 퍼 올려 전체를 약 20번 섞는다. 날가루가 조금 남으면 된다.

4 우유를 5~6번에 나누어 고무 주걱을 타고 흐르게 넣고, 넣을 때마다 같은 방법으로 약 5번 섞는다. 마지막으로 약 5번 더 섞는다. 날가루가 사라지고, 표면에 윤기가 나면 된다.

5 틀에 4를 넣고, 바닥을 작업대에 2~3번 떨어뜨려서 여분의 공기를 뺀 후 예열한 오븐에서 30~35분간 굽는다. 굽기 시작한 지 약 5분이 지나면 바나나 1개를 세로로 반을 자른다ⓑ. 틀을 잠시 꺼내서 바나나의 단면이 위로 가게 반죽에 올리고, 곧바로 오븐에 다시 넣어 더 굽는다.

6 표면이 노르스름해지고, 나무 꼬치로 찔러도 아무것도 묻어나지 않으면 완성. 틀 바닥을 2~3번 두드려서 종이 포일째 꺼내고, 식힘망에 올려서 식힌다.

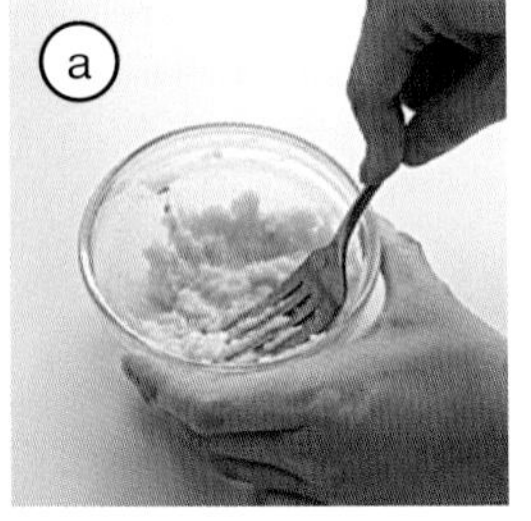

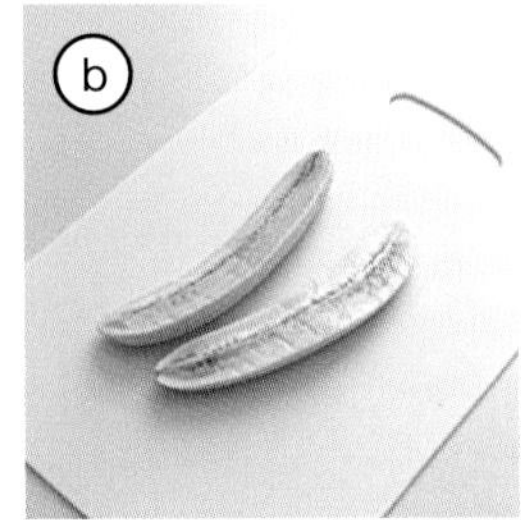

바나나 케이크[Q] 

재료와 밑준비_ 18㎝ 파운드 틀 1개 분량

무염 발효 버터 115g
 ▶ 상온 상태 로 만든다.
그래뉴당 100g
전란 2개 분량(100g)
 ▶ 상온 상태로 만들어 포크로 풀어준다.
바나나 55g+75g
 ▶ 55g은 포크 뒷면으로 으깨서 퓌레 형태로 만들고, 75g은 1㎝ 미만의 덩어리가 남을 정도로 포크 뒷면으로 굵게 으깬다ⓐ.

A ┌ 박력분 130g
 └ 베이킹파우더 1작은술보다 조금 적게
 ▶ 합쳐서 체로 친다.

*틀에 종이 포일을 깐다. → 본문 12쪽
*오븐은 적당한 타이밍에 180℃로 예열한다.

만드는 법

1 볼에 버터와 그래뉴당을 넣고, 고무 주걱으로 그래뉴당이 완전히 어우러질 때까지 바닥을 비비며 섞는다.

2 핸드 믹서를 고속으로 돌리며 전체에 공기가 충분히 들어가도록 2분~2분 30초간 섞는다.

3 달걀을 약 10번에 나누어 넣고, 넣을 때마다 핸드 믹서를 고속으로 돌리며 30초~1분간 섞는다.

4 퓌레 형태로 만든 바나나 55g을 넣고, 고무 주걱으로 가볍게 섞는다. A를 넣고, 한쪽 손으로 볼을 돌리며 고무 주걱으로 바닥에서 크게 퍼 올려 전체를 20~25번 섞는다. 날가루가 조금 남으면 된다.

5 볼 옆면과 고무 주걱에 묻은 반죽을 긁어서 넣고, 굵게 으깬 바나나 75g을 넣어 같은 방법으로 5~10번 섞는다. 날가루가 사라지고, 표면에 윤기가 나면 된다.

6 틀에 5를 넣고, 바닥을 작업대에 2~3번 떨어뜨려서 반죽을 평평하게 한다. 고무 주걱으로 가운데가 움푹 들어가게 만들고, 예열한 오븐에서 약 45분간 굽는다. 도중에 약 15분이 지나면 물에 적신 칼로 가운데에 칼집을 넣는다.

7 갈라진 곳이 노르스름해지고, 나무 꼬치로 찔러도 아무것도 묻어나지 않으면 완성. 종이 포일째 틀에서 꺼내고, 식힘망에 올려서 식힌다.

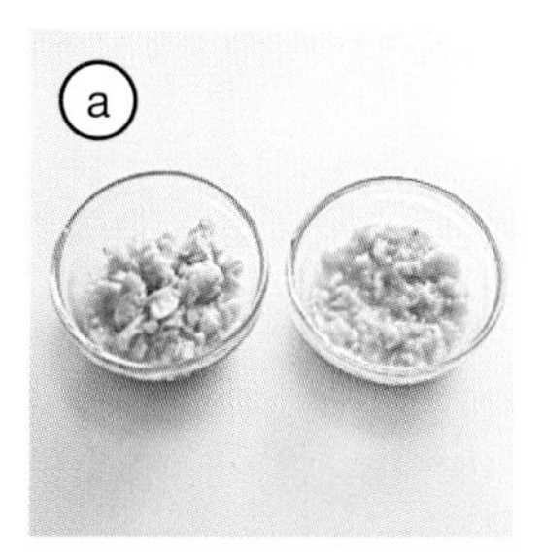

note

- 바나나의 자연스러운 단맛이 느껴지는 소박하고 부드러운 맛. 본인의 저서 『은은한 단맛의 바나나 케이크, 식사가 되는 당근 케이크』의 레시피를 다시 계량한 것.

브라우니 풍 초콜릿 바나나 케이크[Q] 

재료와 밑준비_ 지름 15㎝ 원형 틀 1개 분량

무염 발효 버터 100g
　▶ 상온 상태로 만든다.
소금 2자밤
그래뉴당 110g
전란 2개 분량(100g)
　▶ 상온 상태로 만들어 포크로 풀어준다.
제과용 초콜릿(다크) 75g
　▶ 잘게 다져서 볼에 넣고, 중탕으로 녹인다ⓐ.
럼주 2작은술
생크림(유지방분 35%) 30g
박력분 50g
바나나 40g+25g
　▶ 40g은 1㎝로 깍둑 썰고, 25g은 5㎜ 두께로 둥글게 썬다ⓑ.
휩 크림
　생크림(유지방분 35%) 170g
　그래뉴당 15g

*틀에 종이 포일을 깐다. → 본문 12쪽
*오븐은 적당한 타이밍에 180℃로 예열한다.

제과용 초콜릿(다크)

카카오 함량이 70%인 발로나 사의 '과나하'를 사용한다. 카카오의 풍미가 강하고, 초콜릿 본연의 씁쓸한 맛을 즐길 수 있다.

럼주

사탕수수의 당밀이나 즙을 원료로 만든 증류주. 다크, 골드, 화이트로 분류되며, 과자를 만들 때는 주로 다크를 사용한다.

생크림(유지방분 35%)

동물성 생크림을 사용할 것. 유지방분은 35% 전후 제품을 권장한다.

만드는 법

1 볼에 버터, 소금, 그래뉴당을 넣고, 고무 주걱으로 소금과 그래뉴당이 완전히 어우러질 때까지 바닥을 비비며 섞는다.

2 핸드 믹서를 고속으로 돌리며 전체에 공기가 충분히 들어가도록 2분~2분 30초간 섞는다.

3 달걀을 약 10번에 나누어 넣고, 넣을 때마다 핸드 믹서를 고속으로 돌리며 30초~1분간 섞는다.

4 초콜릿을 넣은 볼에 3의 1/5을 넣어 거품기로 잘 어우러지게 섞고ⓒ, 3의 볼에 다시 넣는다ⓓ. 럼주, 생크림 순으로 넣고, 넣을 때마다 거품기로 전체가 어우러질 때까지 섞는다.

5 박력분을 체로 치면서 넣고, 크게 뒤집으며 섞는다. 날가루가 사라지고 표면에 윤기가 나면, 1㎝로 깍둑 썬 바나나 40g을 넣고, 고무 주걱으로 가볍게 섞는다.

6 틀에 5를 넣고, 바닥을 작업대에 2~3번 떨어뜨려서 반죽을 평평하게 한다. 둥글게 썬 바나나 25g을 올리고, 예열한 오븐에서 약 50분간 굽는다.

7 윗면이 노르스름해지고, 나무 꼬치로 찔렀을 때 가장자리는 반죽이 묻어나지 않고 가운데는 반죽이 약간 묻어나는 상태가 되면 완성. 틀째 식힘망에 올려서 식힌다.

8 휩 크림을 만든다. 볼에 생크림과 그래뉴당을 넣고, 볼 바닥을 얼음물에 대고 거품기로 휘젓는다. 걸쭉함이 강하고, 떠 올렸을 때 흘러서 떨어진 자국이 남는 상태면 완성(70%).

9 7을 종이 포일째 틀에서 꺼내고, 원하는 크기로 잘라서 8의 휩 크림을 끼얹는다.

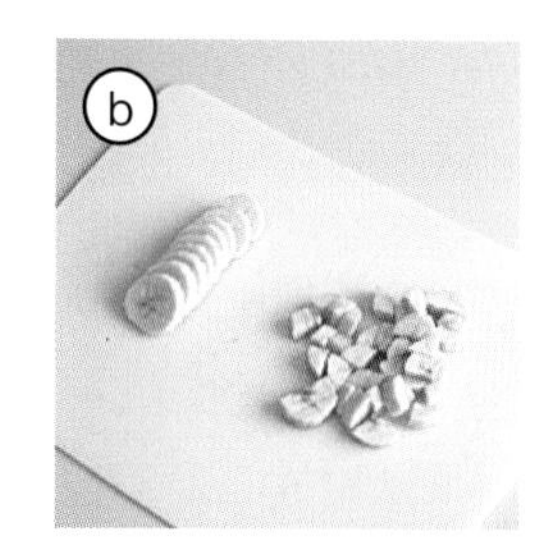

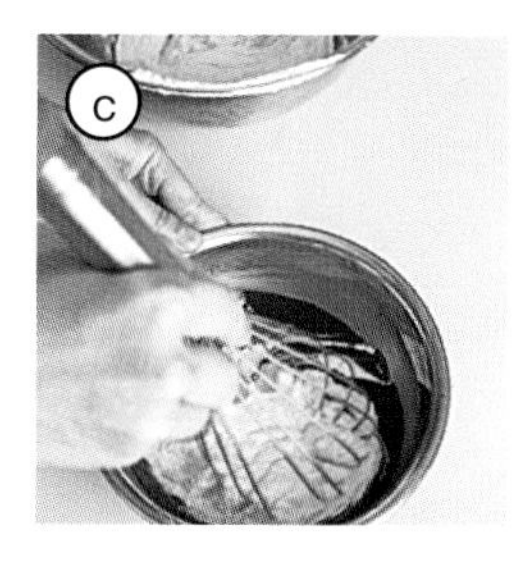

note

- 럼주와 소금으로 맛을 낸, 다소 성인 취향의 브라우니 풍 케이크. 취향에 따라 견과류를 섞거나 윗면에 흩뿌려도 좋다.
- 어린이용으로 주류를 빼고 싶다면 럼주는 넣지 않아도 된다.
- 초콜릿에 달걀물을 약간 넣고 어우러지게 해서 농도를 비슷하게 맞춰주면 멍울이 생기지 않고 고루 섞인다.
- 갓 구운 케이크는 부풀어져 있지만, 시간이 지나면 가라앉는다. 촉촉한 케이크라 틀에 넣은 채로 식힌다.
- 바나나는 상하기 쉬우므로 냉장고에 보관한다. 보관 기준은 4~5일.

여름 과일 케이크

산뜻한 여름 과일은 케이크와 아주 잘 어울리지요. 더운 계절에 먹어도 맛있는 레시피를 준비했습니다.

라임과 요구르트[H]

▶ 67쪽

블루베리와 코코넛[Q]

▶ 66쪽

자몽과 밀크 초콜릿[G]
▶ 68쪽
망고와 패션프루트[Q]
▶ 69쪽

블루베리와 코코넛[Q] 

재료와 밑준비_ 18㎝ 파운드 틀 1개 분량

무엄 발효 버터 105g

▶ 상온 상태로 만든다.

그래뉴당 105g

레몬 껍질 1/2개 분량

전란 2개 분량(100g)

▶ 상온 상태로 만들어 포크로 풀어준다.

A ┌ 박력분 105g
  └ 베이킹파우더 1/4작은술

▶ 합쳐서 체로 친다.

코코넛 가루 25g+10g

블루베리 70g

*틀에 종이 포일을 깐다. → 본문 12쪽

*오븐은 적당한 타이밍에 180℃로 예열한다.

note

- 레몬의 산미가 재료의 맛을 끌어 올려준다.

만드는 법

1 볼에 버터와 그래뉴당을 넣고, 레몬 껍질을 강판에 갈며 넣는다. 고무 주걱으로 그래뉴당이 완전히 어우러질 때까지 바닥을 비비며 섞는다.

2 핸드 믹서를 고속으로 돌리며 전체에 공기가 충분히 들어가도록 2분~2분 30초간 섞는다.

3 달걀을 약 10번에 나누어 넣고, 넣을 때마다 핸드 믹서를 고속으로 돌리며 30초~1분간 섞는다.

4 A와 코코넛 가루 25g을 넣고, 한쪽 손으로 볼을 돌리며 고무 주걱으로 바닥에서 크게 퍼 올려 전체를 20~25번 섞는다. 날가루가 조금 남으면 된다.

5 볼 옆면과 고무 주걱에 묻은 반죽을 긁어서 넣고, 같은 방법으로 5~10번 섞는다. 날가루가 사라지고, 표면에 윤기가 나면 된다.

6 틀에 5의 1/3을 넣고 스푼 뒷면으로 윗면을 평평하게 한 후 둘레를 2㎝ 정도 남기고 블루베리의 절반을 올린다ⓐ. 이를 한 번 더 반복하고, 남은 5를 넣어 윗면을 평평하게 정돈한다. 코코넛 가루 10g을 흩뿌리고, 예열한 오븐에서 약 45분간 굽는다. 도중에 약 15분이 지나면 물에 적신 칼로 가운데에 칼집을 넣는다.

7 갈라진 곳이 노르스름해지고, 나무 꼬치로 찔러도 아무것도 묻어나지 않으면 완성. 종이 포일째 틀에서 꺼내고, 식힘망에 올려서 식힌다.

라임과 요구르트[H] 

재료와 밑준비_ 18㎝ 파운드 틀 1개 분량

전란 2개 분량(100g)
　▶ 상온 상태로 만든다.
그래뉴당 80g
샐러드유 50g

A
- 플레인 요구르트(무가당) 120g
- 라임 껍질 1/2개 분량
　▶ 강판에 간다.
- 라임즙 1큰술
　▶ 섞는다

B
- 박력분 120g
- 베이킹파우더 1/2작은술
　▶ 합쳐서 체로 친다.

아이싱
　슈거파우더 40g
　라임즙 1과 1/2작은술
라임 껍질 적당량

*틀에 종이 포일을 깐다. → 본문 12쪽
*오븐은 적당한 타이밍에 180℃로 예열한다.

만드는 법

1 볼에 달걀과 그래뉴당을 넣고, 켜지 않은 핸드 믹서로 가볍게 섞다가 고속으로 돌리며 약 1분간 섞는다.

2 샐러드유를 4~5번에 나누어 넣고, 넣을 때마다 핸드 믹서를 고속으로 돌리며 약 10초간 섞는다. 전체가 어우러지면 저속으로 낮춰 약 1분간 더 섞으며 결을 정돈한다. A를 넣고 저속으로 약 10초간 더 섞는다.

3 B를 넣고, 한쪽 손으로 볼을 돌리며 고무 주걱으로 바닥에서 크게 퍼 올려 전체를 약 35번 섞는다. 날가루가 사라지고, 표면에 윤기가 나면 된다.

4 틀에 3을 넣고, 바닥을 작업대에 2~3번 떨어뜨려서 여분의 공기를 뺀 후 예열한 오븐에서 약 30분간 굽는다. 도중에 약 10분이 지나면 물에 적신 칼로 가운데에 칼집을 넣는다.

5 갈라진 곳이 노르스름해지고, 나무 꼬치로 찔러도 아무것도 묻어나지 않으면 완성. 틀 바닥을 2~3번 두드려서 종이 포일째 꺼내고, 식힘망에 올려서 식힌다.

6 아이싱을 만든다. 슈거파우더를 다용도 체에 담아 치면서 볼에 넣고, 라임즙을 조금씩 넣으며 스푼으로 잘 섞는다. 떠 올렸을 때 천천히 떨어지고, 떨어진 자국이 약 10초 후 사라지는 농도로 맞춘다.

7 5가 식으면 오븐을 200℃로 예열한다. 오븐 팬에 종이 포일을 깔고 파운드케이크를 올려서 스푼으로 6의 아이싱을 위에 끼얹는다. 예열한 오븐에서 약 1분간 가열하고, 식힘망에 올려서 말린다. 라임 껍질을 강판에 갈며 뿌린다.

note
- 요구르트를 넣은 산뜻한 케이크. 라임 대신 다른 감귤류를 사용해도 된다.

자몽과 밀크 초콜릿[G] 

재료와 밑준비_ 18㎝ 파운드 틀 1개 분량

무염 발효 버터 80g
전란 2개 분량(100g)
그래뉴당 80g
핑크 자몽 1개(과육은 50g)

▶ 껍질은 1/2개 분량을 강판에 간다. 나머지는 위아래를 얇게 잘라내고, 속껍질째 세로로 잘라낸다ⓐ. 속껍질과 과육 사이에 칼을 넣어 한 덩어리씩 과육을 빼내고, 손으로 잘게 풀어준다. 체에 넣고 과즙을 뺀다ⓑ.

박력분 100g
제과용 초콜릿(밀크) 15g

▶ 잘게 다진다.

*중탕용 뜨거운 물(약 70℃)을 준비한다.
*틀에 종이 포일을 깐다. → 본문 12쪽
*오븐은 적당한 타이밍에 170℃로 예열한다.

note

- 자몽은 루비를 사용하면 예쁘게 완성되지만, 화이트를 써도 된다. 과육은 으깨지 말고 살살 풀어준다.

만드는 법

1 볼에 버터를 넣고 중탕으로 녹이고, 잠시 중탕에서 내린다(2에서 달걀물을 넣은 볼을 중탕에서 내린 후 다시 올려 둔다).

2 다른 볼에 달걀, 그래뉴당, 자몽 껍질을 넣고, 켜지 않은 핸드 믹서로 가볍게 섞는다. 이어서 중탕에 올리고 저속으로 가동해 약 20초간 섞은 후 중탕에서 내린다. 고속으로 올려 전체에 공기가 충분히 들어가도록 2분~2분 30초간 섞고, 저속으로 낮춰 약 1분간 섞으며 결을 정돈한다.

3 박력분을 체로 치며 넣고, 한쪽 손으로 볼을 돌리며 고무 주걱으로 바닥에서 크게 퍼 올려 전체를 약 20번 섞는다. 날가루가 조금 남으면 된다.

4 1의 버터를 5~6번에 나누어 고무 주걱을 타고 흐르게 넣고, 넣을 때마다 같은 방법으로 5~10번 섞는다. 날가루가 사라지고 표면에 윤기가 나면 자몽 과육과 초콜릿을 넣고, 크게 2~3번 섞는다.

5 틀에 4를 넣고, 바닥을 작업대에 2~3번 떨어뜨려서 여분의 공기를 뺀 후 예열한 오븐에서 30~35분간 굽는다. 도중에 약 10분이 지나면 물에 적신 칼로 가운데에 칼집을 넣는다.

6 갈라진 곳이 노르스름해지고, 나무 꼬치로 찔러도 아무것도 묻어나지 않으면 완성. 틀 바닥을 2~3번 두드려서 종이 포일째 꺼내고, 식힘망에 올려서 식힌다.

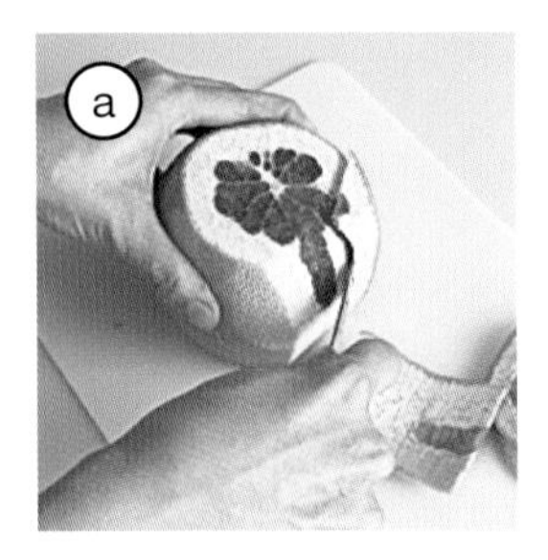

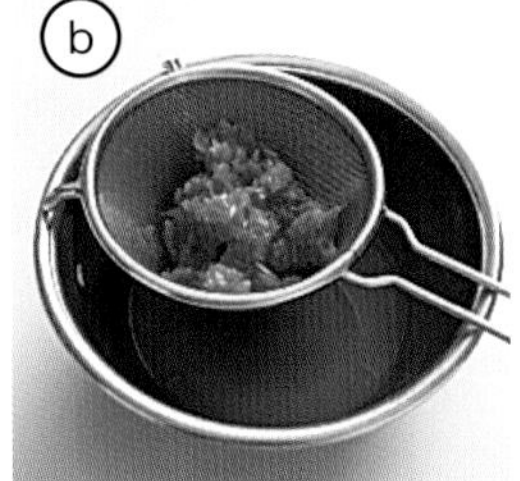

망고와 패션프루트[Q] 

재료와 밑준비_ 18㎝ 파운드 틀 1개 분량

망고 패션프루트 콩피튀르
- 냉동 망고 120g
- 그래뉴당 30g
- 패션프루트 1개(40g)
- 레몬즙 1큰술

무염 발효 버터 105g
- ▶ 상온 상태로 만든다.

그래뉴당 105g

전란 2개 분량(100g)
- ▶ 상온 상태로 만들어 포크로 풀어준다.

A ┌ 박력분 105g
　└ 베이킹파우더 1/4작은술
- ▶ 합쳐서 체로 친다.

크림치즈 40g
- ▶ 굵게 뜯는다.

*틀에 종이 포일을 깐다. → 본문 12쪽

*오븐은 적당한 타이밍에 180℃로 예열한다.

만드는 법

1 망고 패션프루트 콩피튀르를 만든다. 작은 냄비에 망고와 그래뉴당을 넣고, 중불에 올린다. 가끔 나무 주걱으로 망고를 형태가 남을 정도로 굵게 으깨서 고루 섞으며 약 5분간 조린다. 걸쭉해지면 불을 끄고, 패션프루트를 가로로 반을 잘라 씨와 과육을 긁어서 넣고, 레몬즙도 넣는다. 다시 중불에 올려서 끓어오르면 2~3분간 조린 후ⓐ 내열 볼에 옮겨 담아 식히고, 냉장고에 넣어 차갑게 만든다.

2 66쪽의 '블루베리와 코코넛' 1~7과 같은 방법으로 만든다. 다만 1에서 레몬 껍질, 4에서 코코넛 가루는 필요하지 않다. 6에서 블루베리의 절반 대신 1의 망고 패션프루트 콩피튀르의 절반, 크림치즈의 절반 순으로 올린다ⓑ. 코코넛 가루는 필요하지 않다.

note

- 콩피튀르의 진한 달콤함과 산미, 크림치즈의 부드러운 맛이 매력인 케이크.
- 콩피튀르는 망고 양의 일부를 오렌지로 대체하거나, 바나나 같은 열대과일로 대용할 수 있다. 완성량은 약 80g이 기준.

민트와 초콜릿[G]

▶ 71쪽

허브와 꿀[G]

▶ 72쪽

허브 케이크

허브를 넣어 향긋한 파운드케이크라면 여름에도 얼마든지 먹게 돼요. 숙달되면 다양한 허브로 응용해보세요.

민트와 초콜릿[G] 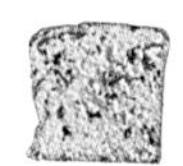

재료와 밑준비_ 18㎝ 파운드 틀 1개 분량

무염 발효 버터 80g
전란 2개 분량(100g)
그래뉴당 80g
박력분 90g
민트 잎 8g
▶ 잘게 채 썬다.
제과용 초콜릿(다크) 10g
▶ 잘게 다진다.
초콜릿 소스
제과용 초콜릿(다크) 50g
우유 50g
샐러드유 10g

*중탕용 뜨거운 물(약 70℃)을 준비한다.
*틀에 종이 포일을 깐다. → 본문 12쪽
*오븐은 적당한 타이밍에 170℃로 예열한다.

만드는 법

1 볼에 버터를 넣어 중탕으로 녹이고, 잠시 중탕에서 내린다(2에서 달걀물을 넣은 볼을 중탕에서 내린 후 다시 올려 둔다).

2 다른 볼에 달걀과 그래뉴당을 넣고, 켜지 않은 핸드 믹서로 가볍게 섞는다. 이어서 중탕에 올리고 저속으로 돌리며 약 20초간 섞은 후 중탕에서 내린다. 고속으로 올려 전체에 공기가 충분히 들어가도록 2분~2분 30초간 섞고, 저속으로 낮춰 약 1분간 섞으며 결을 정돈한다.

3 박력분을 체로 치며 넣고, 한쪽 손으로 볼을 돌리며 고무 주걱으로 바닥에서 크게 퍼 올려 전체를 약 20번 섞는다. 날가루가 조금 남으면 된다.

4 1의 버터를 5~6번에 나누어 고무 주걱을 타고 흐르게 넣고, 넣을 때마다 같은 방법으로 5~10번 섞는다. 날가루가 사라지고 표면에 윤기가 나면, 민트 잎과 초콜릿을 넣고 크게 약 5번 섞는다.

5 틀에 4를 넣고, 바닥을 작업대에 2~3번 떨어뜨려서 여분의 공기를 뺀 후 예열한 오븐에서 30~35분간 굽는다. 도중에 약 10분이 지나면 물에 적신 칼로 가운데에 칼집을 넣는다.

6 갈라진 곳이 노르스름해지고, 나무 꼬치로 찔러도 아무것도 묻어나지 않으면 완성. 틀 바닥을 2~3번 두드려서 종이 포일째 꺼내고, 식힘망에 올려서 식힌다.

7 초콜릿 소스를 만든다. 초콜릿은 잘게 다져서 볼에 넣고, 중탕에 올려 고무 주걱으로 저으며 녹인 후 ⓐ 중탕에서 내린다. 내열 컵에 우유를 넣고, 랩을 씌우지 않고 전자레인지로 끓어 오르기 직전까지 50~55초간 가열한다. 초콜릿을 넣은 볼에 우유, 샐러드유 순으로 넣고, 넣을 때마다 조심히 섞으며 전체가 어우러지게 한다.

8 6을 원하는 크기로 자르고, 7의 초콜릿 소스를 끼얹는다.

ⓐ

note

• 민트의 맛이 제대로 느껴지는 상쾌한 케이크. 진한 초콜릿 소스를 끼얹으면 민트의 향이 더욱 살아난다.

허브와 꿀[G]

재료와 밑준비_ 18㎝ 파운드 틀 1개 분량

무염 발효 버터 80g
전란 2개 분량(100g)
그래뉴당 50g
꿀 30g
타임 1줄기+적당량
▶ 1줄기는 잎을 뜯는다.
로즈마리 1/3줄기+적당량
▶ 1/3개는 잎을 뜯어서 다진다.
박력분 95g

*중탕용 뜨거운 물(약 70℃)을 준비한다.
*틀에 종이 포일을 깐다. → 본문 12쪽
*오븐은 적당한 타이밍에 170℃로 예열한다.

만드는 법

1 71쪽의 '민트와 초콜릿' 1~6과 같은 방법으로 만든다. 다만 2에서 달걀, 그래뉴당과 함께 꿀도 넣고, 저속으로 돌리며 결을 정돈하기 전에 타임 잎 1줄기 분량과 다진 로즈마리 잎 1/3줄기 분량을 넣는다. 4에서 민트 잎과 초콜릿은 필요하지 않다. 5에서 틀 바닥을 떨어뜨리고, 타임과 로즈마리를 적당량씩 올려서 굽는다. 도중에 칼집을 넣지 않는다.

note

- 반죽에 넣는 타임 잎과 로즈마리 잎은 각각 1/2작은술이 기준이다.
- 꿀과 함께 취향에 따라 감귤류의 껍질을 강판에 갈아서 적당량 넣어도 좋다.

여름의 케이크 살레

오일로 만드는 케이크 살레는 반죽의 식감이 가벼워서 여름에도 먹기 딱 좋아요. 김치(본문 78쪽)가 의외로 잘 어울리니 꼭 만들어보세요.

버터 간장 맛 옥수수[S]

▶ 75쪽

올리브와 방울토마토[S]

▶ 74쪽

올리브와 방울토마토[S] 

재료와 밑준비_ 18㎝ 파운드 틀 1개 분량

전란 2개 분량(100g)

▶ 상온 상태로 만든다.

샐러드유 60g

우유 50g

치즈 가루 30g

참치(통조림, 기름에 담근 것) 60g

▶ 기름을 빼고 잘게 풀어준다ⓐ.

블랙 올리브(씨가 없는 것) 6개+4개

▶ 6개는 2~3㎜ 폭으로 썰고, 4개는 반으로 자른다ⓑ.

안초비(필레) 4조각+2조각

▶ 4조각은 다지고, 2조각은 반으로 찢는다.

방울토마토 6개+6개

A
- 박력분 100g
- 베이킹파우더 1작은술
- 소금 1/4작은술
- 굵게 간 흑후추 약간

▶ 합쳐서 체로 친다.

*틀에 종이 포일을 깐다. → 본문 12쪽

*오븐은 적당한 타이밍에 180℃로 예열한다.

만드는 법

1 볼에 달걀과 샐러드유를 넣고, 거품기로 완전히 어우러질 때까지 충분히 섞는다. 우유를 넣고, 같은 방법으로 섞는다.

2 치즈 가루, 참치, 2~3㎜ 폭으로 썬 블랙 올리브 6개, 다진 안초비 4조각, 방울토마토 6개를 넣고, 요리용 젓가락으로 가볍게 섞는다.

3 A를 넣고, 한쪽 손으로 볼을 돌리며 요리용 젓가락으로 바닥에서 크게 퍼 올려 전체를 15~20번 섞는다. 고무 주걱으로 볼 옆면에 묻은 반죽을 긁어서 넣고, 같은 방법으로 1~2번 섞는다. 날가루가 아주 조금 남으면 된다.

4 틀에 3을 넣고, 바닥을 작업대에 2~3번 떨어뜨려서 여분의 공기를 뺀 후 고무 주걱으로 윗면을 가볍게 고른다. 반으로 자른 블랙 올리브 4개, 반으로 찢은 안초비 2조각, 방울토마토 6개를 올리고, 예열한 오븐에서 30~35분간 굽는다.

5 윗면이 노르스름해지고, 나무 꼬치로 찔러도 아무것도 묻어나지 않으면 완성. 틀째 식힘망에 올리고, 한 김 식으면 종이 포일째 꺼내서 식힌다.

ⓐ
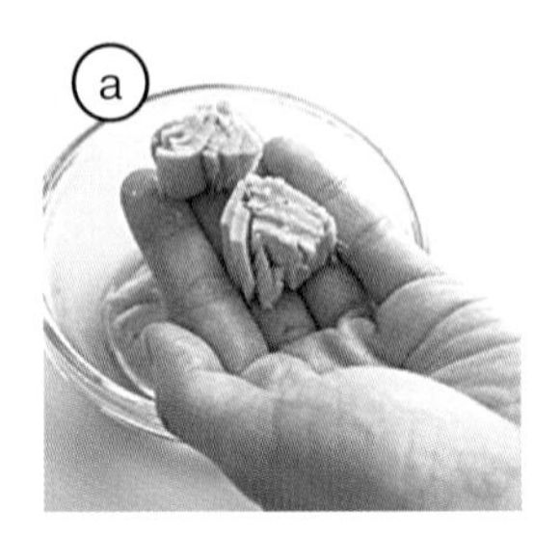

ⓑ

note

- 남프랑스의 니스식 샐러드를 이미지화한 케이크. 메추리알을 넣거나 타임 또는 로즈마리를 올려도 어울린다.
- 참치는 있으면 덩어리 제품을 추천한다.

버터 간장 맛 옥수수[S] 

재료와 밑준비_ 18㎝ 파운드 틀 1개 분량

옥수수 소테
- 무염 버터 10g
- 베이컨(덩어리) 70g
  - ▶ 1㎝로 깍둑 썬다.
- 스위트콘(통조림) 180g
  - ▶ 국물을 뺀다.
- 간장 2작은술

전란 2개 분량(100g)
- ▶ 상온 상태로 만든다.

샐러드유 60g

우유 50g

그뤼에르 치즈(슈레드 타입) 30g

A
- 박력분 100g
- 베이킹파우더 1작은술
- 소금 1/4작은술
- 굵게 간 흑후추 약간
- ▶ 합쳐서 체로 친다.

*틀에 종이 포일을 깐다. → 본문 12쪽

*오븐은 적당한 타이밍에 180℃로 예열한다.

만드는 법

1 옥수수 소테를 만든다. 프라이팬에 버터를 넣어 중불로 달궈서 녹이고, 베이컨과 옥수수를 볶는다. 옥수수가 노르스름해지면ⓐ 프라이팬 벽을 따라 간장을 두르고, 배트에 꺼내 식힌다.

2 74쪽의 '올리브와 방울토마토' 1~5와 같은 방법으로 만든다. 다만 2에서 치즈 가루, 참치, 블랙 올리브, 안초비, 방울토마토 대신 그뤼에르 치즈, 1의 옥수수 소테를 넣는다. 4에서 블랙 올리브, 안초비, 방울토마토는 필요하지 않다.

note

- 이 레시피에는 치즈 가루보다 그뤼에르 치즈의 향이 잘 어울린다.

해물 카레[S]

▶ 77쪽

김치와 한국 김[S

▶ 78쪽

해물 카레[S]

재료와 밑준비_ 18cm 파운드 틀 1개 분량

전란 2개 분량(100g)
▶ 상온 상태로 만든다.
샐러드유 60g
우유 50g
치즈 가루 30g
해물 소테
샐러드유 1/2큰술
냉동 해물 믹스 200g
▶ 해동해서 키친타월로 물기를 닦아낸다.
그린 아스파라거스 70g
▶ 단단한 부분의 껍질을 벗기고, 이삭은 7cm, 나머지는 4cm 길이로 썬다ⓐ.
▶ 프라이팬을 샐러드유를 넣어 중불로 달구고, 해물 믹스를 볶는다. 익으면 아스파라거스를 넣어 함께 살짝 볶고, 배트에 꺼내 식힌다. 토핑용 아스파라거스 이삭을 따로 보관해 둔다.

A
- 박력분 100g
- 베이킹파우더 1작은술
- 카레 가루 1과 1/2작은술
- 소금 1/4작은술
- 굵게 간 흑후추 약간

▶ 합쳐서 체로 친다.
굵게 간 흑후추 적당량

*틀에 종이 포일을 깐다. → 본문 12쪽
*오븐은 적당한 타이밍에 180℃로 예열한다.

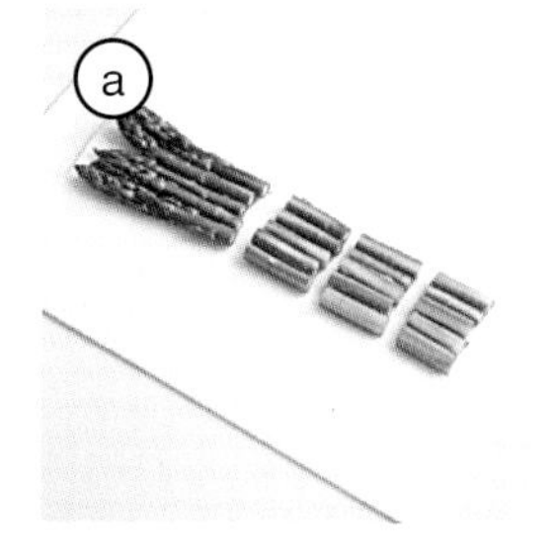

만드는 법

1 볼에 달걀과 샐러드유를 넣고, 거품기로 완전히 어우러질 때까지 충분히 섞는다. 우유를 넣고, 같은 방법으로 섞는다.

2 치즈 가루와 해물 소테를 넣고, 요리용 젓가락으로 가볍게 섞는다.

3 A를 넣고, 한쪽 손으로 볼을 돌리며 요리용 젓가락으로 바닥에서 크게 퍼 올려 전체를 15~20번 섞는다. 고무 주걱으로 볼 옆면에 묻은 반죽을 긁어서 넣고, 같은 방법으로 1~2번 섞는다. 날가루가 아주 조금 남으면 된다.

4 틀에 3을 넣고, 바닥을 작업대에 2~3번 떨어뜨려서 여분의 공기를 뺀 후 고무 주걱으로 윗면을 가볍게 정돈한다. 아스파라거스 이삭을 올리고 굵게 간 흑후추를 뿌린 후 예열한 오븐에서 30~35분간 굽는다.

5 윗면이 노르스름해지고, 나무 꼬치로 찔러도 아무것도 묻어나지 않으면 완성. 틀째 식힘망에 올리고, 한 김 식으면 종이 포일째 꺼내서 식힌다.

note

- 어린이도 먹기 좋은 카레 풍미의 케이크.
- 해물 믹스와 아스파라거스의 식감이 대비가 아주 좋다. 해물 믹스는 좋아하는 것을 쓰면 된다. 케이크가 축축해지지 않도록 물기를 잘 제거할 것.

김치와 한국 김[S] 

재료와 밑준비_ 18㎝ 파운드 틀 1개 분량

전란 2개 분량(100g)
　▶ 상온 상태로 만든다.
샐러드유 60g
우유 25g
배추김치 120g
　▶ 국물을 살짝 짜서 굵게 다진다.
한국 김(8장으로 자른 크기) 4장+2장
A ┌ 박력분 100g
　│ 베이킹파우더 1작은술
　└ 소금 1/4작은술
　▶ 합쳐서 체로 친다.
볶은 참깨 적당량

*틀에 종이 포일을 깐다. → 본문 12쪽
*오븐은 적당한 타이밍에 180℃로 예열한다.

만드는 법

1 77쪽의 '해물 카레' 1~5와 같은 방법으로 만든다. 다만 2에서 치즈 가루, 해물 소테 대신 김치를 넣어 가볍게 섞은 후 한국 김 4장을 한입 크기로 찢어서 넣고 대강 섞는다. 4에서 아스파라거스와 굵게 간 흑후추 대신 한국 김 2장을 반으로 찢어서 꽂아 넣고ⓐ, 참깨를 뿌린다.

note

- 한국풍 케이크. 김치와 한국 김을 넣기만 하면 되니 밑준비도 간단하다.
- 김치에 수분이 있어서 우유의 양을 줄였다. 또한, 김치의 맛이 강하므로 A에 굵게 간 흑후추는 넣지 않아도 된다.

Automne

깊은 맛의 가을 케이크

밤과 카시스[Q]

▶ 82쪽

곶감과 브랜디[Q]

▶ 83쪽

결실의 계절, 가을의 케이크

식재료가 풍성해지는 가을에는 파운드케이크와의 조합도 무궁무진해진답니다. 과자의 계절이 시작되는 셈이지요.

단호박과 크랜베리[H]

▶ 84쪽

밤과 카시스[Q]

재료와 밑준비_ 18㎝ 파운드 틀 1개 분량

보늬밤 조림 100g
럼주 1큰술+20g
무염 발효 버터 105g
▶ 상온 상태로 만든다.
그래뉴당 105g
전란 2개 분량(100g)
▶ 상온 상태로 만들어 포크로 풀어준다.
A 박력분 90g
A 아몬드가루 15g
A 베이킹파우더 1/4작은술
▶ 합쳐서 체로 친다.
냉동 카시스 20g
(카시스 – 까막까치밥나무의 열매로, 블랙커런트라고도 한다)

*틀에 종이 포일을 깐다. → 본문 12쪽
*오븐은 적당한 타이밍에 180℃로 예열한다.

만드는 법

1 밤은 4등분으로 자르고, 럼주 1큰술과 섞어서ⓐ 30분 이상 재운다.

2 볼에 버터와 그래뉴당을 넣고, 고무 주걱으로 그래뉴당이 완전히 어우러질 때까지 바닥을 비비며 섞는다.

3 핸드 믹서를 고속으로 돌리며 전체에 공기가 충분히 들어가도록 2분~2분 30초간 섞는다.

4 달걀을 약 10번에 나누어 넣고, 넣을 때마다 핸드 믹서를 고속으로 돌리며 30초~1분간 섞는다.

5 1의 밤(럼주도 함께)을 넣고, 고무 주걱으로 가볍게 섞는다. A를 넣고, 한쪽 손으로 볼을 돌리며 고무 주걱으로 바닥에서 크게 퍼 올려 전체를 20~25번 섞는다. 날가루가 조금 남으면 된다.

6 볼 옆면과 고무 주걱에 묻은 반죽을 긁어서 넣고, 같은 방법으로 5~10번 섞는다. 날가루가 사라지고 표면에 윤기가 나면, 카시스를 넣고 크게 3~5번 섞는다.

7 틀에 6을 넣고, 바닥을 작업대에 2~3번 떨어뜨려서 반죽을 평평하게 한다. 고무 주걱으로 가운데가 움푹 들어가게 만들고, 예열한 오븐에서 약 50분간 굽는다. 도중에 약 15분이 지나면 물에 적신 칼로 가운데에 칼집을 넣는다.

8 갈라진 곳이 노르스름해지고, 나무 꼬치로 찔러도 아무것도 묻어나지 않으면 완성. 종이 포일째 틀에서 꺼내서 식힘망에 올리고, 뜨거울 때 럼주 20g을 솔로 윗면과 옆면에 바른다. 곧바로 랩으로 단단히 감싸서 그대로 식힌다.

note

- 프랑스 과자에서 흔하면서도 무조건 맛있는 조합이다.
- 카시스는 해동하면 물기가 많이 생기므로 사용하기 직전까지 냉동실에 넣어 둔다.
- 어린이용으로 알코올을 빼고 싶다면 럼주를 사용하지 않아도 된다.

곶감과 브랜디[Q] 

재료와 밑준비_ 18㎝ 파운드 틀 1개 분량

곶감 100g

브랜디 2큰술+20g

무염 발효 버터 105g

▶ 상온 상태로 만든다.

그래뉴당 105g

전란 2개 분량(100g)

▶ 상온 상태로 만들어 포크로 풀어준다.

A ┌ 박력분 105g
└ 베이킹파우더 1/4작은술

▶ 합쳐서 체로 친다.

*틀에 종이 포일을 깐다. → 본문 12쪽

*오븐은 적당한 타이밍에 180℃로 예열한다.

만드는 법

1 82쪽의 '밤과 카시스' 1~8과 같은 방법으로 만든다. 다만 1에서 밤 대신 곶감을 굵게 다지고, 브랜디 2큰술과 섞어서ⓐ 3시간~하룻밤 동안 재운다. 5에서 밤 대신 곶감을 넣는다. 6에서 카시스는 필요하지 않다. 8에서 럼주 대신 브랜디 20g을 바른다.

note

- 동양의 식재료를 사용한 브랜디 케이크로, 고급스러운 향을 즐길 수 있는 성인 취향의 맛.
- 곶감에 브랜디가 스며들지 않았다면 남은 브랜디도 함께 반죽에 넣고 섞는다.

단호박과 크랜베리[H]

재료와 밑준비_ 18㎝ 파운드 틀 1개 분량

전란 2개 분량(100g)

▶ 상온 상태로 만든다.

사탕수수 설탕 80g

샐러드유 50g

단호박(껍질을 벗긴 것) 120g

▶ 얇게 썰어서 내열 볼에 넣고, 랩을 씌워서 전자레인지로 약 3분간 가열한다. 뜨거울 때 포크로 잘게 으깬다ⓐ.

말린 크랜베리 50g

▶ 끓인 물을 끼얹고ⓑ, 키친타월로 물기를 닦아낸다.

A ┌ 박력분 100g
  └ 베이킹파우더 1/2작은술

▶ 합쳐서 체로 친다.

*틀에 종이 포일을 깐다. → 본문 12쪽

*오븐은 적당한 타이밍에 180℃로 예열한다.

note

- 단호박은 체에 내리지 않고 포크로만 으깬다. 알갱이가 조금 남아 있으면 씹히는 식감이 더 좋아진다.
- 단호박에 수분이 있으므로 우유는 필요하지 않다.
- 취향에 따라 시나몬 가루나 견과류를 넣어도 좋다. 크랜베리는 건포도로 대체해도 된다.

만드는 법

1 볼에 달걀과 사탕수수 설탕을 넣고, 켜지 않은 핸드 믹서로 가볍게 섞다가 고속으로 돌리며 약 1분간 섞는다.

2 샐러드유를 4~5번에 나누어 넣고, 넣을 때마다 핸드 믹서를 고속으로 돌리며 약 10초간 섞는다. 전체가 어우러지면 저속으로 낮춰 약 1분간 더 섞으며 결을 정돈한다. 단호박을 넣고 저속으로 약 10초간 더 섞는다.

3 크랜베리를 넣고, 고무 주걱으로 가볍게 섞는다. A를 넣고, 한쪽 손으로 볼을 돌리며 고무 주걱으로 바닥에서 크게 퍼 올려 전체를 약 20번 섞는다. 날가루가 조금 남으면 된다.

4 볼 옆면과 고무 주걱에 묻은 반죽을 긁어서 넣고, 같은 방법으로 5~10번 섞는다. 날가루가 사라지면 된다.

5 틀에 4를 넣고, 바닥을 작업대에 2~3번 떨어뜨려서 여분의 공기를 뺀 후 예열한 오븐에서 30~35분간 굽는다. 도중에 약 10분이 지나면 물에 적신 칼로 가운데에 칼집을 넣는다.

6 갈라진 곳이 노르스름해지고, 나무 꼬치로 찔러도 아무것도 묻어나지 않으면 완성. 틀 바닥을 2~3번 두드려서 종이 포일째 꺼내고, 식힘망에 올려서 식힌다.

가을의 티타임

여유로운 분위기 속에서 차 또는 커피를 넣은 파운드케이크를 간식으로 맛있는 티타임을 즐겨보세요.

다르질링과 포도[Q]

▶ 88쪽

차이[H]
▶ 90쪽

커피와 럼 레이즌[Q]
▶ 89쪽

다르질링과 포도[Q]

재료와 밑준비_ 지름 15㎝ 원형 틀 1개 분량

무염 발효 버터 105g
▶ 상온 상태로 만든다.
그래뉴당 105g
전란 2개 분량(100g)
▶ 상온 상태로 만들어 포크로 풀어준다.

A
- 박력분 90g
- 아몬드가루 15g
- 베이킹파우더 1/4작은술

▶ 합쳐서 체로 친다.
홍차 잎(다르질링) 4g
▶ 랩으로 감싸서 밀대를 굴려 잘게 부수고, A와 섞는다.
포도 60g+85g
▶ 껍질째 60g은 4등분으로 자르고, 85g은 반으로 자른다(씨가 있으면 제거한다).
아몬드 다이스(구운 것) 10g

*틀에 종이 포일을 깐다. → 본문 12쪽
*오븐은 적당한 타이밍에 180℃로 예열한다.

만드는 법

1 볼에 버터와 그래뉴당을 넣고, 고무 주걱으로 그래뉴당이 완전히 어우러질 때까지 바닥을 비비며 섞는다.
2 핸드 믹서를 고속으로 돌리며 전체에 공기가 충분히 들어가도록 2분~2분 30초간 섞는다.
3 달걀을 약 10번에 나누어 넣고, 넣을 때마다 핸드 믹서를 고속으로 돌리며 30초~1분간 섞는다.
4 홍차 잎과 섞은 A를 넣고, 한쪽 손으로 볼을 돌리며 고무 주걱으로 바닥에서 크게 퍼 올려 전체를 20~25번 섞는다. 날가루가 조금 남으면 된다.
5 볼 옆면과 고무 주걱에 묻은 반죽을 긁어서 넣고, 같은 방법으로 5~10번 섞는다. 날가루가 사라지고, 표면에 윤기가 나면 된다.
6 틀에 5의 반을 넣고 스푼 뒷면으로 반죽 위를 평평하게 한 후 둘레를 2㎝ 정도 남기고 4등분으로 자른 포도 60g을 올린다. 남은 5를 넣어 윗면을 평평하게 정돈하고, 둘레를 2㎝ 정도 남기고 반으로 자른 포도 85g을 올린 후 아몬드 다이스를 흩뿌린다. 예열한 오븐에서 약 55분간 굽는다.
7 윗면이 노르스름해지고, 나무 꼬치로 찔러도 아무것도 묻어나지 않으면 완성. 종이 포일째 틀에서 꺼내고, 식힘망에 올려서 식힌다.

note
- 홍차 잎이 굵고 단단하다면 절구에 넣고 잘게 갈아준다. 얼그레이로 만들어도 어울린다.
- 포도는 거봉이나 피오네(거봉에 머스캣을 교배한 포도. 진한 검은색을 띠고 당도가 높다)처럼 맛이 강한 것을 쓰는 것이 좋다.

커피와 럼 레이즌[Q] 

재료와 밑준비_ 18㎝ 파운드 틀 1개 분량

무염 발효 버터 105g
- ▶ 상온 상태로 만든다.

그래뉴당 105g

전란 2개 분량(100g)
- ▶ 상온 상태로 만들어 포크로 풀어준다.

럼 레이즌
- 건포도 80g
- 럼주 2큰술
  - ▶ 건포도는 끓인 물을 끼얹고, 키친타월로 물기를 닦아낸다. 럼주와 섞어서ⓐ 3시간~하룻밤 동안 재운다.

커피액
- 인스턴트커피(과립) 6g
- 럼주 2작은술
  - ▶ 인스턴트커피에 럼주를 2번에 나누어 넣어 녹이고ⓑ, 랩을 씌워둔다.

A ┌ 박력분 105g
　└ 베이킹파우더 1/4작은술
- ▶ 합쳐서 체로 친다.

인스턴트커피(과립) 1g

*틀에 종이 포일을 깐다. → 본문 12쪽

*오븐은 적당한 타이밍에 180℃로 예열한다.

note

- 인스턴트커피는 마지막에 넣고 알갱이가 다 녹지 않을 만큼 섞으면 식감과 맛에 포인트가 된다.

만드는 법

1 88쪽의 '다르질링과 포도' 1~5와 같은 방법으로 만든다. 다만 3을 다 섞은 후 럼 레이즌(럼주도 함께)과 커피액을 넣고 저속으로 돌리며 약 10초간 더 섞는다. 4에서 홍차 잎은 필요하지 않다. 5에서 표면에 윤기가 나면, 인스턴트커피를 넣고 크게 2~3번 섞는다.

2 틀에 1을 넣고, 바닥을 작업대에 2~3번 떨어뜨려서 반죽을 평평하게 한다. 고무 주걱으로 가운데가 움푹 들어가게 만들고, 예열한 오븐에서 약 50분간 굽는다. 도중에 약 15분이 지나면 물에 적신 칼로 가운데에 칼집을 넣는다.

3 갈라진 곳이 노르스름해지고, 나무 꼬치로 찔러도 아무것도 묻어나지 않으면 완성. 종이 포일째 틀에서 꺼내고, 식힘망에 올려서 식힌다.

차이[H]

재료와 밑준비_ 18㎝ 파운드 틀 1개 분량

차이
- 홍차 잎(아삼) 6g
- 끓인 물 20g
- 우유 50g

전란 2개 분량(100g)
- ▶ 상온 상태로 만든다.

사탕수수 설탕 80g

샐러드유 50g

A
- 박력분 100g
- 올스파이스 가루 1/2작은술
- 시나몬 가루 1/4작은술
- 베이킹파우더 1/2작은술
- ▶ 합쳐서 체로 친다.

아이싱
- 슈거파우더 45g
- 시나몬 가루 1/2작은술
- 물 1작은술

*틀에 종이 포일을 깐다. → 본문 12쪽

*오븐은 적당한 타이밍에 180℃로 예열한다.

홍차 잎(아삼)

인도 북동부에 있는 아삼 지역에서 생산되는 홍차. 뛰어난 향과 진하고 강한 맛이 밀크티에 적합하다.

올스파이스 가루

시나몬, 클로브, 넛멕을 섞은 듯한 향이 나는 향신료. 고기, 생선, 과일, 과자에 잘 어울린다.

만드는 법

1 차이를 만든다. 홍차 잎은 랩으로 감싸고, 밀대를 굴려 잘게 부순다. 내열 볼에 넣고 끓인 물을 부어 랩을 씌우고 약 2분간 둔다. 다른 내열 볼에 우유를 넣고, 전자레인지로 40~50초간 가열해 데우고, 홍차를 넣은 볼에 넣는다ⓐ. 다시 랩을 씌우고 그대로 식혀서 향에 배게한다.

2 볼에 달걀과 그래뉴당을 넣고, 켜지 않은 핸드 믹서로 가볍게 섞다가 고속으로 돌리며 약 1분간 섞는다.

3 샐러드유를 4~5번에 나누어 넣고, 넣을 때마다 핸드 믹서를 고속으로 돌리며 약 10초간 섞는다. 전체가 어우러지면 저속으로 낮춰 약 1분간 더 섞으며 결을 정돈한다.

4 A를 넣고, 한쪽 손으로 볼을 돌리며 고무 주걱으로 바닥에서 크게 퍼 올려 전체를 약 20번 섞는다. 날가루가 조금 남으면 된다.

5 1의 차이(잎도 함께)를 5~6번에 나누어 고무 주걱을 타고 흐르게 넣고, 넣을 때마다 같은 방법으로 약 5번 섞는다. 마지막으로 약 5번 더 섞는다. 날가루가 사라지고 표면에 윤기가 나면 된다.

6 틀에 5를 넣고, 바닥을 작업대에 2~3번 떨어뜨려서 여분의 공기를 뺀 후 예열한 오븐에서 30~35분간 굽는다. 도중에 약 10분이 지나면 물에 적신 칼로 가운데에 칼집을 넣는다.

7 갈라진 곳이 노르스름해지고, 나무 꼬치로 찔러도 아무것도 묻어나지 않으면 완성. 틀 바닥을 2~3번 두드려서 종이 포일째 꺼내고, 식힘망에 올려서 식힌다.

8 아이싱을 만든다. 슈거파우더와 시나몬 가루를 다용도 체에 담아 치면서 볼에 넣고, 물을 조금씩 넣으며 스푼으로 잘 섞는다. 떠 올렸을 때 천천히 떨어지고, 떨어진 자국이 5~6초 후 사라지는 농도로 맞춘다.

9 7이 식으면 오븐을 200℃로 예열한다. 오븐 팬에 종이 포일을 깔고 파운드케이크를 올려서 스푼으로 8의 아이싱을 위에 바른다. 예열한 오븐에서 약 1분간 가열하고, 식힘망에 올려서 말린다.

note

- 홍차는 아삼 베이스 제품이나 차이용 제품을 권장한다. 밀크티에 어울리도록 맛이 제대로 진한 홍차를 쓰면 된다.
- 차이의 향에 향신료를 추가해 더욱 깊은 맛을 냈다.

캐러멜 케이크

진한 달콤함을 지닌 캐러멜은 그야말로 과자의 정석입니다. 물론 파운드케이크와도 잘 어울리지요. 과일과 조합해도 맛이 뛰어나답니다.

프루이 루주 플로랑탱[Q]

▶ 94쪽

캐러멜과 서양배 마블 케이크[Q]

▶ 95쪽

캐러멜[Q]

▶ 96쪽

프루이 루주 플로랑탱[Q] 

재료와 밑준비_ 18cm 파운드 틀 1개 분량

무염 발효 버터 105g
▶ 상온 상태로 만든다.
그래뉴당 105g
전란 2개 분량(100g)
▶ 상온 상태로 만들어 포크로 풀어준다.
A ┌ 박력분 95g
└ 베이킹파우더 1/4작은술
▶ 합쳐서 체로 친다.
냉동 베리 믹스 60g
▶ 키친타월로 겉면의 서리를 가볍게 닦아낸다. 큰 것은 2~4등분으로 잘라서 박력분 1작은술을 살짝 묻히고, 냉동실에 넣어둔다.
플로랑탱
그래뉴당 15g
무염 버터 10g
생크림(유지방분 35%) 2작은술
꿀 5g
아몬드 슬라이스(구운 것) 20g

*틀에 종이 포일을 깐다. → 본문 12쪽
*오븐은 적당한 타이밍에 180℃로 예열한다.

note
• 갓 구운 케이크 윗면의 아몬드가 부드러우므로, 식혀서 자른다.

만드는 법

1 96쪽의 '캐러멜' 4~8과 같은 방법으로 만든다. 다만 4에서 소금, 6에서 캐러멜은 필요하지 않다. 8에서 볼 옆면과 고무 주걱에 묻은 반죽을 긁어서 넣고, 베리 믹스를 넣는다.

2 틀에 1을 넣고, 바닥을 작업대에 2~3번 떨어뜨려서 반죽을 평평하게 한다. 고무 주걱으로 가운데가 움푹 들어가게 만들고, 예열한 오븐에서 약 45분간 굽는다.

3 반죽을 굽기 시작한 지 5~10분이 지나면 플로랑탱을 만든다. 작은 냄비에 아몬드 슬라이스 외의 재료를 모두 넣고, 되도록 젓지 말고 약불로 가열한다. 그래뉴당이 녹으면 고무 주걱으로 고루 저어주고, 아몬드 슬라이스를 넣는다. 물기가 사라지고 전체가 끈적끈적해질 때까지 계속 섞어준다ⓐ.

4 반죽을 굽기 시작한 지 약 15분이 지나면 2의 틀을 잠시 꺼내고, 3의 플로랑탱을 고루 얹어서ⓑ 곧바로 오븐에 다시 넣고 계속 굽는다.

5 플로랑탱이 캐러멜색을 띠고, 나무 꼬치로 찔러도 아무것도 묻어나지 않으면 완성. 종이 포일째 틀에서 꺼내고, 식힘망에 올려서 식힌다.

a

b

캐러멜과 서양배 마블 케이크[Q] 

재료와 밑준비_ 18㎝ 파운드 틀 1개 분량

캐러멜

생크림(유지방분 35%) 60g

그래뉴당 60g

서양배(통조림, 세로로 반을 자른 것) 작은 것 2개(125g)

▶ 세로로 반을 자른다.

무염 발효 버터 105g

▶ 상온 상태로 만든다.

그래뉴당 105g

전란 2개 분량(100g)

▶ 상온 상태로 만들어 포크로 풀어준다.

A ┌ 박력분 105g
└ 베이킹파우더 1/4작은술

▶ 합쳐서 체로 친다.

슈거파우더 적당량

*틀에 종이 포일을 깐다. → 본문 12쪽

*오븐은 적당한 타이밍에 180℃로 예열한다.

만드는 법

1 96쪽의 '캐러멜' 1~8과 같은 방법으로 만든다. 다만 2에서 물은 필요하지 않다. 3에서 생크림을 넣고 섞다가 서양배를 조심히 넣어 가볍게 버무린 후 다시 약불로 가열한다. 한소끔 끓으면 불을 끄고ⓐ, 캐러멜과 서양배를 각각 내열 볼에 꺼내서 식힌다ⓑ. 4에서 소금, 6에서 캐러멜은 필요하지 않다. 8에서 표면에 윤기가 나면 캐러멜을 넣고, 크게 2~3번 섞는다.

2 서양배를 가로로 5㎜ 두께로 썬다. 틀에 1을 넣고, 바닥을 작업대에 2~3번 떨어뜨려서 반죽을 평평하게 한다. 서양배를 조금씩 비켜 놓으며 비스듬히 넘어뜨려서 고루 얹고, 예열한 오븐에서 약 50분간 굽는다.

3 윗면이 노르스름해지고, 나무 꼬치로 찔러도 아무것도 묻어나지 않으면 완성. 종이 포일째 틀에서 꺼내고, 식힘망에 올려서 식힌다. 슈거파우더를 담은 작은 체로 쳐서 뿌린다.

ⓐ

ⓑ

note

• 씁쓸한 캐러멜에 산뜻한 서양배가 잘 어울린다.

캐러멜[Q]

재료와 밑준비_ 18㎝ 파운드 틀 1개 분량

캐러멜
  생크림(유지방분 35%) 60g
  그래뉴당 60g
  물 1작은술
무염 발효 버터 110g
  ▶ 상온 상태로 만든다.
소금 2자밤
그래뉴당 100g
전란 2개 분량(100g)
  ▶ 상온 상태로 만들어 포크로 풀어준다.
A ┌ 박력분 110g
  └ 베이킹파우더 1/4작은술
  ▶ 합쳐서 체로 친다.

*틀에 종이 포일을 깐다. → 본문 12쪽
*오븐은 적당한 타이밍에 180℃로 예열한다.

만드는 법

1 캐러멜을 만든다. 내열 컵에 생크림을 넣고, 랩을 씌우지 않고 전자레인지로 끓어오르기 직전까지 30~40초간 가열한다.

2 작은 냄비에 그래뉴당과 물을 넣고, 되도록 젓지 말고 중불로 가열한다. 그래뉴당이 반쯤 녹으면, 냄비를 돌리며 구석구석까지 가열해 완전히 녹인다.

3 연한 캐러멜색이 나면ⓐ 나무 주걱으로 고루 저어주고, 진한 캐러멜색이 나면 불을 끈다. 잠시 두었다가 생크림을 약 2번에 나누어 넣고ⓑ, 넣을 때마다 가볍게 섞는다. 다시 약불에 올려서 한소끔 끓으면 불을 끄고ⓒ, 내열 볼에 옮겨 담아 식힌다. 캐러멜 완성.

4 볼에 버터, 소금, 그래뉴당을 넣고, 고무 주걱으로 소금과 그래뉴당이 완전히 어우러질 때까지 바닥을 비비며 섞는다.

5 핸드 믹서를 고속으로 돌리며 전체에 공기가 충분히 들어가도록 2분~2분 30초간 섞는다.

6 달걀을 약 10번에 나누어 넣고, 넣을 때마다 핸드 믹서를 고속으로 돌리며 30초~1분간 섞는다. 3의 캐러멜을 넣고, 저속으로 돌리며 약 10초간 더 섞는다.

7 A를 넣고, 한쪽 손으로 볼을 돌리며 고무 주걱으로 바닥에서 크게 퍼 올려 전체를 20~25번 섞는다. 날가루가 조금 남으면 된다.

8 볼 옆면과 고무 주걱에 묻은 반죽을 긁어서 넣고, 같은 방법으로 5~10번 섞는다. 날가루가 사라지고, 표면에 윤기가 나면 된다.

9 틀에 8을 넣고, 바닥을 작업대에 2~3번 떨어뜨려서 반죽을 평평하게 한다. 고무 주걱으로 가운데가 움푹 들어가게 만들고, 예열한 오븐에서 약 50분간 굽는다. 도중에 약 15분이 지나면 물에 적신 칼로 가운데에 칼집을 넣는다.

10 갈라진 곳이 노르스름해지고, 나무 꼬치로 찔러도 아무것도 묻어나지 않으면 완성. 종이 포일째 틀에서 꺼내고, 식힘망에 올려서 식힌다.

note

- 심플하면서 깊은 단맛이 나는 케이크. 반죽에 소금을 조금 넣으면 단맛을 살려준다.
- 캐러멜은 제대로 진하게 만들면 씁쓸한 맛이 남는다. 완성량의 기준은 약 90g.

견과류 케이크

견과류를 듬뿍 넣기만 해도 식감이 풍부
해져요. 풍미도 즐기면서 드세요.

견과류 가득 케이크[Q] 

재료와 밑준비_ 18㎝ 파운드 틀 1개 분량

크럼블

무염 발효 버터 20g

▶ 냉장고에 넣어 차갑게 만들어 둔다.

흑당(분말) 20g

박력분 20g

아몬드가루 20g

소금 1자밤

무염 발효 버터 105g

▶ 상온 상태로 만든다.

소금 1자밤

흑당(분말) 105g

전란 2개 분량(100g)

▶ 상온 상태로 만들어 포크로 풀어준다.

A
- 박력분 65g
- 아몬드가루 40g
- 베이킹파우더 1/4작은술

▶ 합쳐서 체로 친다.

믹스너트

호두 30g

피칸 20g

헤이즐넛 20g

통 아몬드 20g

▶ 모두 굵게 다진다.

피스타치오 10g

▶ 섞는다

*견과류는 구운 것을 사용한다.

*틀에 종이 포일을 깐다. → 본문 12쪽

*오븐은 적당한 타이밍에 180℃로 예열한다.

만드는 법

1 크럼블을 만든다. 볼에 크럼블 재료를 모두 넣고, 스크레이퍼로 버터를 자르며 가루 재료를 묻힌다. 버터가 작아지면 손끝으로 으깨며 재빨리 비벼 섞는다ⓐ. 전체가 어우러지고 버터가 소보로 형태가 되면ⓑ, 냉동실에 넣어 차갑게 굳힌다.

2 본문 16쪽 '기본 반죽① 카트르 카르' 1~5와 같은 방법으로 만든다. 다만 1에서 그래뉴당 대신 소금과 흑당을 넣는다. 5에서 볼 옆면과 고무 주걱에 묻은 반죽을 긁어서 넣고, 믹스너트 75g을 넣는다.

3 틀에 2를 넣고, 바닥을 작업대에 2~3번 떨어뜨려서 반죽을 평평하게 한다. 1의 크럼블과 남은 믹스너트를 올리고, 예열한 오븐에서 45~50분간 굽는다.

4 크럼블이 노릇노릇해지고, 나무 꼬치로 찔러도 아무것도 묻어나지 않으면 완성. 종이 포일째 틀에서 꺼내고, 식힘망에 올려서 식힌다.

note

- 견과류가 듬뿍 들어가 씹는 맛이 좋은 케이크. 믹스너트는 무염 제품을 사용할 것. 합계 100g이면 조합은 자유롭게 해도 된다.

팽 드 젠 풍 케이크[G] 

재료와 밑준비_ 18㎝ 파운드 틀 1개 분량

무염 발효 버터 65g

A
┌ 아몬드가루 105g
└ 슈거파우더 105g

B
┌ 달걀흰자 1/2개 분량(15g)
└ 물 1과 1/2작은술

전란 3개 분량(150g)

▶ 상온 상태로 만들어 B의 달걀흰자 15g을 따로 덜어 놓고, 포크로 풀어준다.

C
┌ 박력분 2큰술
└ 콘스타치 3큰술

▶ 합쳐서 체로 친다.

럼주 1과 1/2작은술

아몬드 슬라이스 15~20g

*중탕용 뜨거운 물(약 70℃)을 준비한다.

*틀에 크림 형태로 만든 버터 적당량(분량 외)을 솔로 바르고, 아몬드 슬라이스를 바닥과 옆면에 붙여서ⓐ, 냉장고에 넣어 둔다.

*오븐은 적당한 타이밍에 170℃로 예열한다.

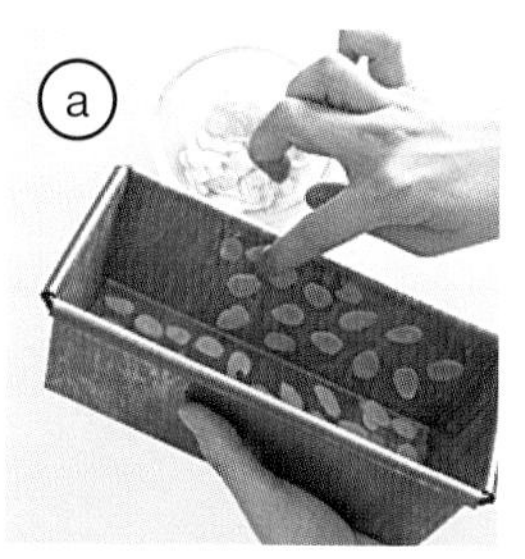

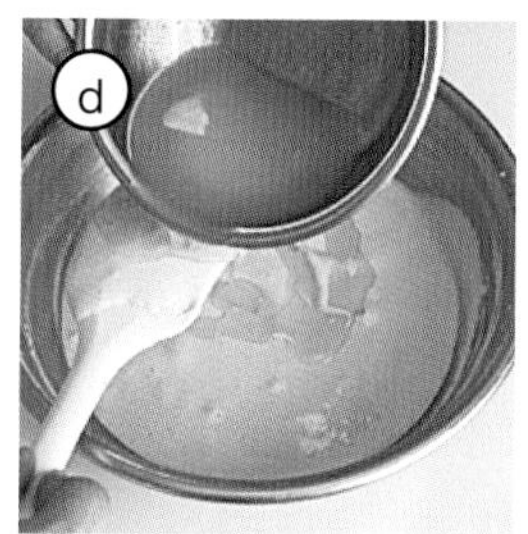

만드는 법

1 볼에 버터를 넣어 중탕으로 녹이고, 그대로 둔다.

2 다른 볼에 A를 체로 치며 넣고, B를 넣는다. 고무주걱을 바깥쪽에서 몸쪽으로 움직이며 눌러서 바닥을 비벼 섞고ⓑ, 날가루가 적어지면 손으로 반죽하며 한 덩어리로 만든다.

3 달걀을 약 8번에 나누어 넣고, 넣을 때마다 핸드 믹서를 저속으로 돌리며 30초~1분간 섞는다. 전체가 어우러지면, 공기가 충분히 들어가도록 고속으로 돌리며 2분~2분 30초간 섞는다.

4 C를 넣고, 한쪽 손으로 볼을 돌리며 고무 주걱으로 바닥에서 크게 퍼 올려 전체를 15~20번 섞는다ⓒ. 날가루가 사라지면 된다.

5 1의 버터를 5~6번에 나누어 고무 주걱을 타고 흐르게 넣고ⓓ, 넣을 때마다 같은 방법으로 약 5번 섞는다. 마지막으로 약 5번 더 섞는다. 표면에 윤기가 나면, 럼주를 넣고 크게 5~6번 섞는다.

6 틀에 5를 넣고, 바닥을 작업대에 2~3번 떨어뜨려서 여분의 공기를 뺀 후 예열한 오븐에서 약 45분간 굽는다. 도중에 약 10분이 지나면 물에 적신 칼로 가운데에 칼집을 넣는다.

7 갈라진 곳이 노르스름해지고, 나무 꼬치로 찔러도 아무것도 묻어나지 않으면 완성. 틀 바닥을 2~3번 두드려서 뒤집어 꺼내고, 식힘망에 올려서 식힌다ⓔ.

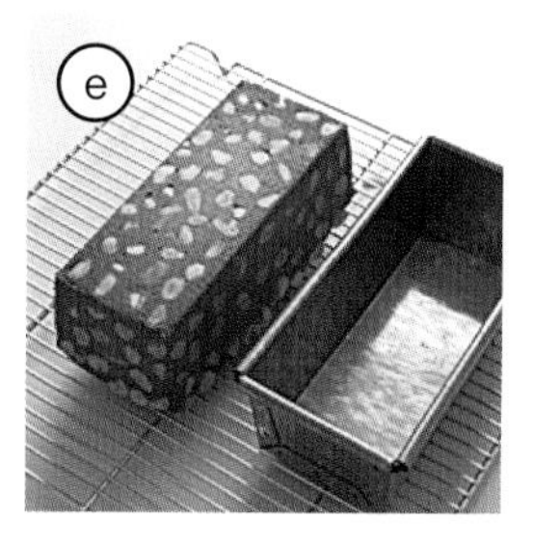

note

- 프랑스 전통 과자인 팽 드 젠을 제누와즈 제조법을 토대로 간단하게 만들 수 있도록 응용했다. 아몬드가루 덕분에 향이 풍부하다.

향신료 케이크

시나몬, 생강, 팔각 같은 향신료를 넣은 파운드케이크는 어딘가 이국적인 느낌이 감도는 신선한 맛이 납니다.

프룬 오렌지 시나몬 조림[Q]

▶ 104쪽

생강[H]

▶ 105쪽

팔각과 무화과[Q]

▶ 106쪽

프룬 오렌지 시나몬 조림[Q] 

재료와 밑준비_ 18㎝ 파운드 틀 1개 분량

프룬 오렌지 시나몬 조림
　말린 프룬 80g
　오렌지 주스(과즙 100%) 50g
　시나몬 스틱 1/2개
무염 발효 버터 105g
　▶ 상온 상태로 만든다.
그래뉴당 105g
전란 2개 분량(100g)
　▶ 상온 상태로 만들어 포크로 풀어준다.

A
- 박력분 105g
- 시나몬 가루 1작은술
- 베이킹파우더 1/4작은술

　▶ 합쳐서 체로 친다.

*틀에 종이 포일을 깐다. → 본문 12쪽
*오븐은 적당한 타이밍에 180℃로 예열한다.

말린 프룬

서양 자두를 말린 것. 깔끔한 단맛이 나고, 비타민, 미네랄, 식이섬유가 풍부하다. 씨가 있으면 제거한다.

시나몬 스틱

녹나무과 상록수의 껍질을 벗겨서 말린 것. 산뜻한 단맛과 고급스러운 향이 특징이다. 이를 분말로 만들 것이 시나몬 가루이다.

만드는 법

1 프룬 오렌지 시나몬 조림을 만든다. 작은 냄비에 모든 재료를 넣고 약불에 올린다. 끓어오르면 2~3분간 끓인 후 내열 볼에 옮겨 담고, 하룻밤 동안 재운다ⓐ. 프룬은 물기를 가볍게 빼고, 2㎝로 깍둑 썬다ⓑ.

2 본문 16쪽 '기본 반죽① 카트르 카르' 1~7과 같은 방법으로 만든다. 다만 4에서 A를 넣기 전에 1의 프룬 오렌지 시나몬 조림을 넣고, 고무 주걱으로 가볍게 섞는다. 6에서 굽는 시간을 약 45분으로 한다.

ⓐ

ⓑ

note

- 시나몬의 이국적인 향과 오렌지의 풍미가 잘 어울린다.

생강[H]

재료와 밑준비_ 18㎝ 파운드 틀 1개 분량

생강 콩피
　생강 80g
　물 100g
　그래뉴당 100g
　꿀 1큰술
레몬즙 2작은술
전란 2개 분량(100g)
　▶ 상온 상태로 만든다.
그래뉴당 70g
샐러드유 50g
A ┌ 박력분 100g
　└ 베이킹파우더 1/2작은술
　▶ 합쳐서 체로 친다.
우유 20g

*틀에 종이 포일을 깐다. → 본문 12쪽
*오븐은 적당한 타이밍에 180℃로 예열한다.

만드는 법

1 생강 콩피를 만든다. 생강은 채 썬다. 작은 냄비에 물, 그래뉴당, 꿀을 넣어 중불에 올리고, 끓어오르기 직전에 생강을 넣고 약불로 10~15분간 끓인다. 레몬즙을 넣고, 한소끔 끓인 후 내열 볼에 옮겨 담아 식힌다ⓐ. 생강은 물기를 살짝 빼서 굵게 다지고ⓑ, 시럽은 1큰술을 덜어 둔다.

2 본문 24쪽 '기본 반죽③ 오일 반죽' 1~6과 같은 방법으로 만든다. 다만 2에서 결을 정돈한 후 1의 생강 콩피와 시럽 1큰술을 넣고, 저속으로 돌리며 약 10초간 더 섞는다. 4에서 우유는 2~3번에 나누어 넣는다.

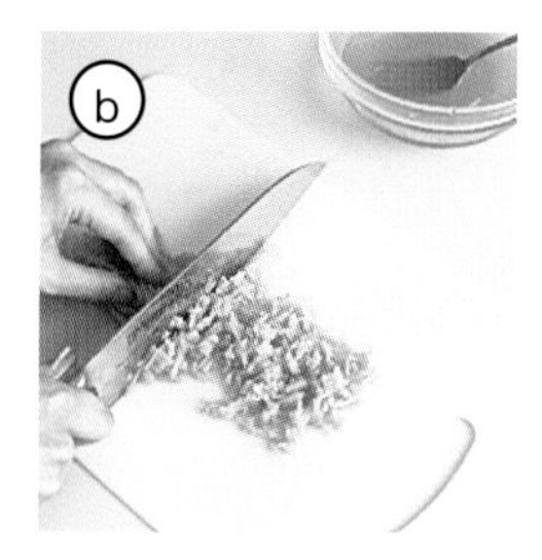

note

- 깔끔한 맛과 가벼운 식감의 케이크. 생강의 알싸해서 단맛을 추가하고 싶다면 꿀을 곁들여 먹어도 좋다.
- 생강 콩피의 시럽이 들어간 만큼, 반죽의 그래뉴당과 우유의 양을 줄였다.
- 생강 콩피는 되도록 하룻밤 동안 재워두면 맛이 자리를 잡는다. 남은 시럽은 탄산수(무가당)에 타서 마시면 맛있다.

팔각과 무화과[Q]

재료와 밑준비_ 지름 16㎝ 꽃 모양 틀 1개 분량

무화과 레드 와인 조림
- 말린 무화과 65g
- 레드 와인 100g
- 물 2큰술
- 그래뉴당 30g
- 팔각 1개
- 클로브 1개

무염 발효 버터 105g
- ▶ 상온 상태로 만든다.

그래뉴당 105g

전란 2개 분량(100g)
- ▶ 상온 상태로 만들어 포크로 풀어준다.

A
- 박력분 90g
- 아몬드가루 15g
- 베이킹파우더 1/4작은술
- ▶ 합쳐서 체로 친다.

앙비베용 시럽
- 무화과 레드 와인 조림의 시럽 2작은술
- 럼주 2작은술
- ▶ 섞는다.

아이싱
- 슈거파우더 30g
- 레드 와인 1/4작은술
- 무화과 레드 와인 조림의 시럽 1과 1/4작은술

*틀에 크림 형태로 만든 버터 적당량(분량 외)을 솔로 바르고, 강력분 적당량(분량 외)을 뿌려서 털어낸다.
→ 본문 15쪽

*오븐은 적당한 타이밍에 180℃로 예열한다.

만드는 법

1 무화과 레드 와인 조림을 만든다. 무화과는 끓인 물을 끼얹어 키친타월로 물기를 닦아내고, 반으로 자른다. 작은 냄비에 레드 와인, 물, 그래뉴당, 팔각, 클로브를 넣어 중불에 올리고, 그래뉴당이 녹아서 끓어오르면 무화과를 넣는다. 약불로 줄여서 무화과를 눌러 줄 작은 뚜껑을 덮고ⓐ, 약 5분간 끓인 후 내열 볼에 옮겨 담아 식힌다. 무화과는 물기를 살짝 빼서 굵게 다진다. 시럽은 앙비베용으로 2작은술, 아이싱용으로 1과 1/4작은술을 덜어 둔다.

2 볼에 버터와 그래뉴당을 넣고, 고무 주걱으로 그래뉴당이 완전히 어우러질 때까지 바닥을 비비며 섞는다.

3 핸드 믹서를 고속으로 돌리며 전체에 공기가 충분히 들어가도록 2분~2분 30초간 섞는다.

4 달걀을 약 10번에 나누어 넣고, 넣을 때마다 핸드 믹서를 고속으로 돌리며 30초~1분간 섞는다.

5 1의 무화과 레드 와인 조림을 넣고, 고무 주걱으로 가볍게 섞는다. A를 넣고, 한쪽 손으로 볼을 돌리며 고무 주걱으로 바닥에서 크게 퍼 올려 전체를 20~25번 섞는다. 날가루가 조금 남으면 된다.

6 볼 옆면과 고무 주걱에 묻은 반죽을 긁어서 넣고, 같은 방법으로 5~10번 섞는다. 날가루가 사라지고, 표면에 윤기가 나면 된다.

7 틀에 6을 넣고, 바닥을 작업대에 2~3번 떨어뜨려서 반죽을 평평하게 한 후 예열한 오븐에서 45~50분간 굽는다.

8 윗면이 노르스름해지고, 나무 꼬치로 찔러도 아무것도 묻어나지 않으면 완성. 틀의 옆면을 2~3번 두드려 뒤집어서 꺼내 식힘망에 올리고, 뜨거울 때 앙비베용 시럽을 솔로 겉면에 바른다. 곧바로 랩을 단단히 감싸서 그대로 식힌다.

9 아이싱을 만든다. 슈거파우더를 다용도 체에 담아 치면서 볼에 넣고, 레드 와인과 무화과 레드 와인 조림의 시럽을 조금씩 넣으며 스푼으로 잘 섞는다. 떠 올렸을 때 천천히 떨어지고, 떨어진 자국이 약 10초 후 사라지는 농도로 맞춘다. 아래와 같이 코르네를 만들어 아이싱을 넣고, 입구를 봉한다.

10 오븐 팬에 종이 포일을 깔고, 8의 파운드케이크의 랩을 벗겨서 올린다. 9의 코르네 끝을 잘라내고, 아이싱을 윗면에 짠다. 200℃로 예열한 오븐에서 약 1분간 가열하고, 식힘망에 올려서 말린다.

note

- 시간이 있으면 무화과 레드 와인 조림을 하룻밤 동안 재워서 맛이 배게 한다. 남은 시럽은 탄산수(무가당)에 타서 마시면 맛있다.

코르네 만드는 법

1 종이 포일을 약 25㎝의 정사각형으로 잘라서 삼각형으로 접고, 칼로 잘라서 분리한다ⓐ.

2 직각 부분을 아래로 놓고 오른쪽 가장자리부터 안쪽으로 말아준다ⓑ. 왼쪽 가장자리를 말아서 끝부분이 뾰족하게 되도록 단단히 조인다ⓒ.

3 가장 바깥쪽에 종이 포일의 튀어나온 부분을 안쪽으로 접어 넣는다. 접어 넣은 부분의 가운데를 1㎝ 정도 찢고ⓓ, 찢은 부분의 오른쪽을 바깥으로 꺾어서 접는다.

4 아이싱을 부어 넣는다ⓔ. 이음새가 있는 면이 아래로 가게 놓고, 부어 넣는 입구의 양끝을 눌러서 자국을 만든다. 입구가 삼각형이 되도록 접고, 2~3번 더 접는다ⓕ. 아이싱을 짤 때는 끝을 2~3㎜ 잘라낸다.

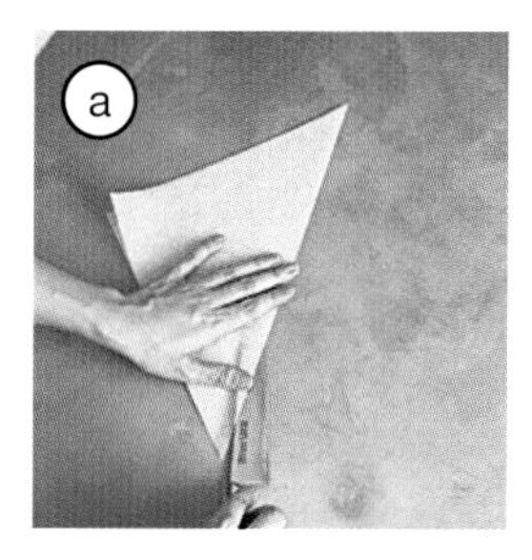

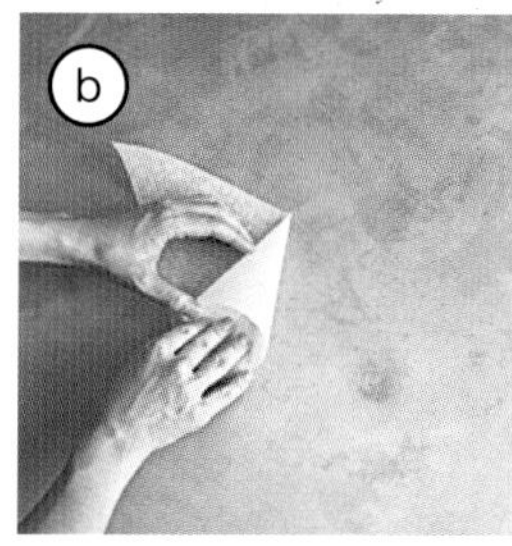

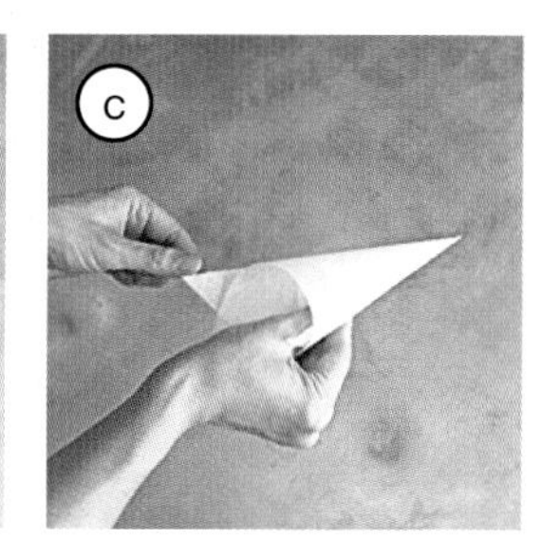

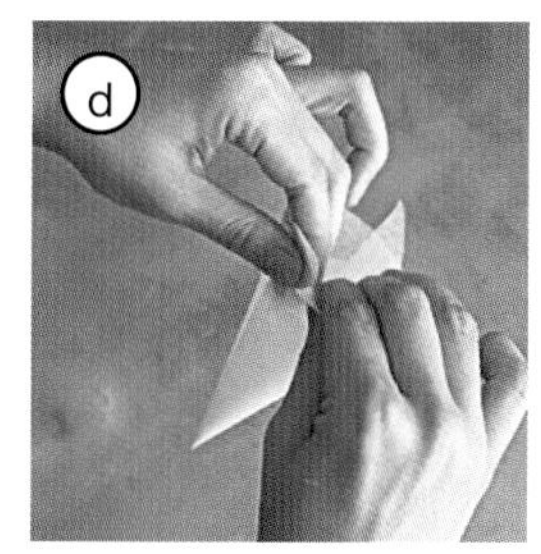

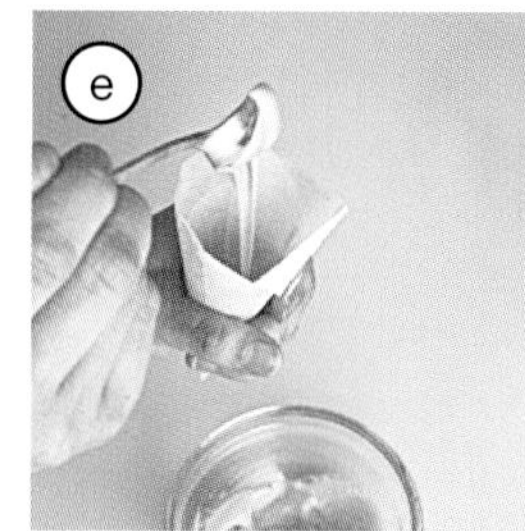

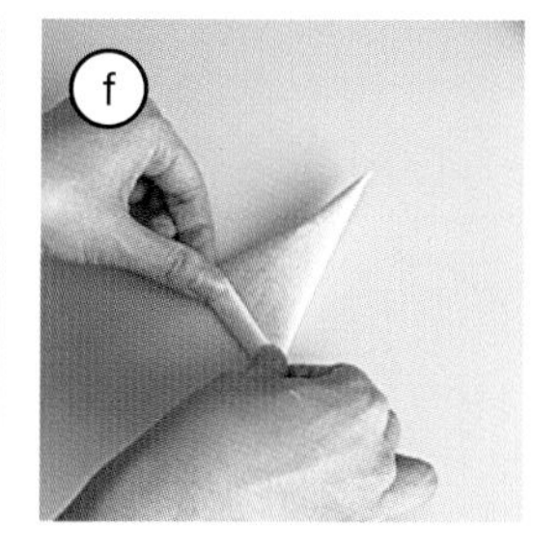

가을의 케이크 살레

가을과 어울리는 다양한 치즈와
감칠맛이 풍부한 재료를 사용해
인상적인 맛을 냈습니다.

딸기와 얼그레이[Q]

▶ 110쪽

버섯과 살라미[S]

▶ 111쪽

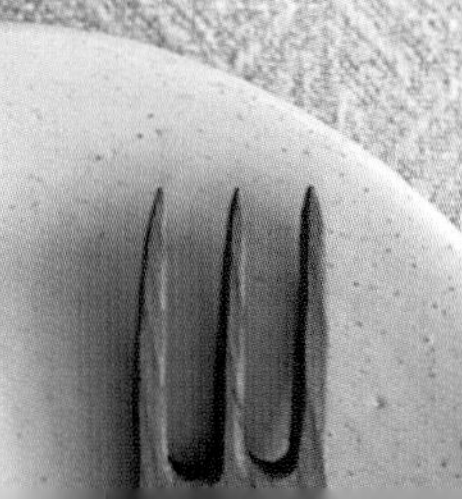

호두와 고르곤졸라[S]

▶ 112쪽

연어와 시금치[S]

재료와 밑준비_ 18㎝ 파운드 틀 1개 분량

전란 2개 분량(100g)
　▶ 상온 상태로 만든다.
샐러드유 60g
우유 50g
치즈 가루 30g
훈제연어 60g
　▶ 2㎝ 폭으로 썬다.
시금치 50g
　▶ 줄기와 잎을 분리하고, 소금을 약간 넣은 끓는 물에 줄기는 2~3초, 잎은 살짝 담갔다 꺼내서 함께 찬물에 담가 식힌다. 물기를 짜서 1㎝로 썬다.
크림치즈 30g
　▶ 10등분으로 찢는다.
A ┌ 박력분 100g
　│ 베이킹파우더 1작은술
　│ 소금 1/4작은술
　└ 굵게 간 흑후추 약간
　▶ 합쳐서 체로 친다.

*틀에 종이 포일을 깐다. → 본문 12쪽
*오븐은 적당한 타이밍에 180℃로 예열한다.

만드는 법

1 111쪽의 '호두와 고르곤졸라' 1~5와 같은 방법으로 만든다. 다만 2에서 고르곤졸라와 호두 대신 치즈 가루, 훈제연어, 시금치를 넣고 가볍게 섞다가 크림치즈를 넣고 대강 섞는다.

note

- 맛의 균형이 잡히고 색감이 다채로운 케이크. 크림치즈로 감칠맛을 더해 가을에 어울리는 맛을 냈다.

호두와 고르곤졸라[S] 

재료와 밑준비_ 18㎝ 파운드 틀 1개 분량

전란 2개 분량(100g)
 ▶ 상온 상태로 만든다.
샐러드유 60g
우유 40g
고르곤졸라 치즈 50g
 ▶ 굵게 찢는다.
호두(구운 것) 20g
 ▶ 굵게 쪼개서 고르곤졸라 치즈와 섞는다ⓐ.

A
- 박력분 100g
- 베이킹파우더 1작은술
- 소금 1/4작은술
- 굵게 간 흑후추 약간

 ▶ 합쳐서 체로 친다.

*틀에 종이 포일을 깐다. → 본문 12쪽
*오븐은 적당한 타이밍에 180℃로 예열한다.

고르곤졸라 치즈

이탈리아가 원산지인 블루 치즈. 특유의 자극적인 향과 은은한 단맛이 있다. 파스타나 과일, 꿀과 잘 어울린다.

만드는 법

1 볼에 달걀과 샐러드유를 넣고, 거품기로 완전히 어우러질 때까지 충분히 섞는다. 우유를 넣고, 같은 방법으로 섞는다.

2 고르곤졸라와 호두를 넣고, 요리용 젓가락으로 가볍게 섞는다.

3 A를 넣고, 한쪽 손으로 볼을 돌리며 요리용 젓가락으로 바닥에서 크게 퍼 올려 전체를 15~20번 섞는다. 고무 주걱으로 볼 옆면에 붙은 반죽을 긁어서 넣고, 같은 방법으로 1~2번 섞는다. 날가루가 아주 조금 남으면 된다.

4 틀에 3을 넣고, 바닥을 작업대에 2~3번 떨어뜨려서 여분의 공기를 뺀 후 고무 주걱으로 윗면을 가볍게 정돈한다. 예열한 오븐에서 30~35분간 굽는다.

5 윗면이 노르스름해지고, 나무 꼬치로 찔러도 아무것도 묻어나지 않으면 완성. 틀째 식힘망에 올리고, 한 김 식으면 종이 포일째 꺼내서 식힌다.

note

- 수분이 없는 치즈 가루 대신 고르곤졸라를 넣었기 때문에 우유의 양을 줄였다.
- 얇게 썰어 살짝 굽고, 꿀을 곁들여 먹으면 맛있다.

버섯과 살라미[S] 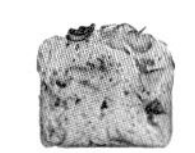

재료와 밑준비_ 18㎝ 파운드 틀 1개 분량

전란 2개 분량(100g)
 ▶ 상온 상태로 만든다.
샐러드유 60g
우유 50g
치즈 가루 30g
버섯 소테
 올리브유 1큰술
 마늘 1/3쪽
  ▶ 다진다.
 잎새버섯, 만가닥버섯, 갈색 양송이 합쳐서 200g
  ▶ 잎새버섯과 만가닥버섯은 먹기 좋은 크기로 풀어주고, 양송이는 4등분으로 자른다.
 소금, 굵게 간 흑후추 약간씩
  ▶프라이팬에 올리브유와 마늘을 넣어 약불로 달구고, 향이 올라오면 버섯을 넣고 가끔 프라이팬을 흔들어 기름을 입히며 중불로 볶는다. 버섯의 숨이 죽으면ⓐ, 소금, 굵게 간 흑후추를 뿌리고, 배트에 꺼내서 식힌다. 토핑용 1/5을 덜어 둔다.
살라미 25g
 ▶ 2㎜ 두께로 둥글게 썰고, 큰 것은 다시 반으로 자른다.

A
 박력분 100g
 베이킹파우더 1작은술
 소금 1/4작은술
 굵게 간 흑후추 약간
 ▶ 합쳐서 체로 친다.

*틀에 종이 포일을 깐다. → 본문 12쪽
*오븐은 적당한 타이밍에 180℃로 예열한다.

만드는 법

1 볼에 달걀과 샐러드유를 넣고, 거품기로 완전히 어우러질 때까지 충분히 섞는다. 우유를 넣고, 같은 방법으로 섞는다.

2 치즈 가루와 버섯 소테의 4/5, 살라미를 넣고, 요리용 젓가락으로 가볍게 섞는다.

3 A를 넣고, 한쪽 손으로 볼을 돌리며 요리용 젓가락으로 바닥에서 크게 퍼 올려 전체를 15~20번 섞는다. 고무 주걱으로 볼 옆면에 붙은 반죽을 긁어서 넣고, 같은 방법으로 1~2번 섞는다. 날가루가 아주 조금 남으면 된다.

4 틀에 3을 넣고, 바닥을 작업대에 2~3번 떨어뜨려서 여분의 공기를 뺀 후 고무 주걱으로 윗면을 가볍게 정돈한다. 남은 버섯 소테를 올리고, 예열한 오븐에서 30~35분간 굽는다.

5 윗면이 노르스름해지고, 나무 꼬치로 찔러도 아무것도 묻어나지 않으면 완성. 틀째 식힘망에 올리고, 한 김 식으면 종이 포일째 꺼내서 식힌다.

note

- 버섯은 합쳐서 200g이면 좋아하는 것을 사용해도 된다.
- 버섯 소테는 수분이 나오지 않도록 많이 뒤적이지 않고 볶는 것이 포인트.
- 살라미는 토핑하면 타기 쉬우므로 모두 반죽에 넣고 섞는다. 베이컨으로 대체해도 된다.

Hiver

즐거운 겨울의 케이크

화이트 초콜릿과 유자 잼[Q]

▶ 116쪽

초콜릿 케이크

발렌타인데이 뿐만 아니라, 추운 겨울에는 초콜릿이 그리워지기 마련이지요. 물론 케이크에도 잘 어울린답니다.

더블 초콜릿[H]

▶ 117쪽

초콜릿과 금귤 콩피[Q]

▶ 118쪽

화이트 초콜릿과 유자 잼[Q] 

재료와 밑준비_ 18㎝ 파운드 틀 1개 분량

무염 발효 버터 105g

▶ 상온 상태로 만든다.

그래뉴당 95g

소금 약간+적당량

전란 2개 분량(100g)

▶ 상온 상태로 만들어 포크로 풀어준다.

A ┌ 박력분 105g
  └ 베이킹파우더 1/4작은술

▶ 합쳐서 체로 친다.

화이트 초콜릿 칩 25g

유자 잼 60g

슈거파우더 적당량

*틀에 종이 포일을 깐다. → 본문 12쪽

*오븐은 적당한 타이밍에 180℃로 예열한다.

화이트 초콜릿 칩

제과용 제품을 권장한다. 판 초콜릿을 사용한다면 칼로 다진다.

만드는 법

1 118쪽의 '초콜릿과 금귤 콩피' 2~5와 같은 방법으로 만든다. 다만 2에서 버터, 그래뉴당과 함께 소금도 약간 넣는다.

2 볼 옆면과 고무 주걱에 묻은 반죽을 긁어서 넣고, 화이트 초콜릿 칩도 넣어 같은 방법으로 5~10번 섞는다. 날가루가 사라지고 표면에 윤기가 나면, 유자 잼을 넣고 크게 약 5번 섞는다.

3 틀에 2를 넣고, 바닥을 작업대에 2~3번 떨어뜨려서 반죽을 평평하게 한 후 고무 주걱으로 가운데가 움푹 들어가게 만든다. 소금을 적당량 뿌리고, 예열한 오븐에서 30~40분간 굽는다. 도중에 약 15분이 지나면 물에 적신 칼로 가운데에 칼집을 넣는다.

4 갈라진 곳이 노르스름해지고, 나무 꼬치로 찔러도 아무것도 묻어나지 않으면 완성. 종이 포일째 틀에서 꺼내고, 식힘망에 올려서 식힌다. 슈거파우더를 담은 작은 체로 쳐서 뿌린다.

note

- 토핑용 소금은 알갱이가 큰 굵은 소금을 사용하는 것이 좋다. 식감에 포인트를 주고, 화이트 초콜릿과 유자 잼의 단맛을 살려준다.

더블 초콜릿[H]

재료와 밑준비_ 18㎝ 파운드 틀 1개 분량

전란 2개 분량(100g)

▶ 상온 상태로 만든다.

그래뉴당 80g

샐러드유 50g

제과용 초콜릿(다크) 60g+30g

▶ 60g은 잘게 다져서 중탕으로 녹이고, 30g은 잘게 다진다ⓐ.

A ┌ 박력분 100g
  └ 베이킹파우더 1/2작은술

▶ 합쳐서 체로 친다.

우유 50g

*틀에 종이 포일을 깐다. → 본문 12쪽

*오븐은 적당한 타이밍에 180℃로 예열한다.

제과용 초콜릿(다크)

카카오 함량이 64%인 제품을 사용했다. 초콜릿 본연의 씁쓸한 맛 속에 베리의 은은한 산미가 느껴진다.

만드는 법

1 볼에 달걀과 그래뉴당을 넣고, 켜지 않은 핸드 믹서로 가볍게 섞다가 고속으로 돌리며 약 1분간 섞는다.

2 샐러드유를 4~5번에 나누어 넣고, 넣을 때마다 핸드 믹서를 고속으로 돌리며 약 10초간 섞는다. 전체가 어우러지면 저속으로 낮춰 약 1분간 더 섞으며 결을 정돈한다. 중탕으로 녹인 초콜릿 60g을 넣고, 저속으로 돌리며 약 10초간 더 섞는다.

3 A를 넣고, 한쪽 손으로 볼을 돌리며 고무 주걱으로 바닥에서 크게 퍼 올려 전체를 약 20번 섞는다. 날가루가 조금 남으면 된다.

4 우유를 5~6번에 나누어 고무 주걱을 타고 흐르게 넣고, 넣을 때마다 같은 방법으로 약 5번 섞는다. 마지막으로 약 5번 더 섞는다. 날가루가 사라지고 표면에 윤기가 나면, 잘게 다진 초콜릿 30g을 넣고, 크게 약 5번 섞는다.

5 틀에 4를 넣고, 바닥을 작업대에 2~3번 떨어뜨려서 여분의 공기를 뺀 후 예열한 오븐에서 약 40분간 굽는다. 도중에 약 10분이 지나면 물에 적신 칼로 가운데에 칼집을 넣는다.

6 갈라진 곳이 노르스름해지고, 나무 꼬치로 찔러도 아무것도 묻어나지 않으면 완성. 틀 바닥을 2~3번 두드려서 종이 포일째 꺼내고, 식힘망에 올려서 식힌다.

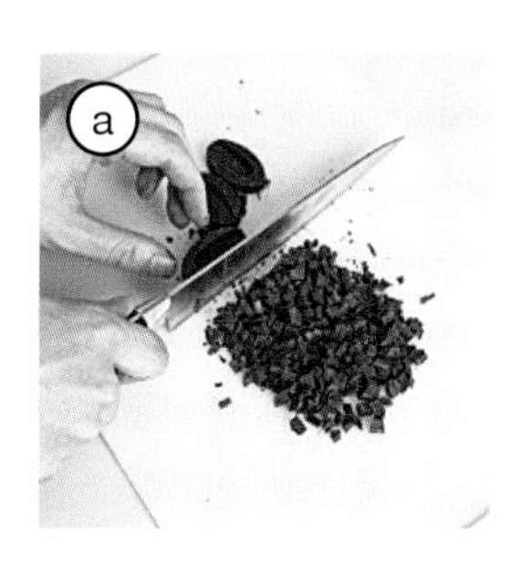

note

- 가벼운 식감의 초콜릿 케이크. 초콜릿을 넣은 효과로 촉촉하게 완성된다.
- 오일 반죽은 속재료가 가라앉기 쉬우므로 초콜릿 30g은 잘게 다져서 넣는 것이 좋다.

초콜릿과 금귤 콩피[Q] 

재료와 밑준비_ 18㎝ 파운드 틀 1개 분량

금귤 콩피
- 금귤(부드러운 것) 5개
- 물 50g
- 그래뉴당 40g
- 화이트 와인 75g

무염 발효 버터 105g
- ▶ 상온 상태로 만든다.

그래뉴당 105g

전란 2개 분량(100g)
- ▶ 상온 상태로 만들어 포크로 풀어준다.

A ┌ 박력분 105g
  └ 베이킹파우더 1/4작은술
- ▶ 합쳐서 체로 친다.

제과용 초콜릿(다크) 30g
- ▶ 잘게 다진다.

앙비베용 시럽
- 금귤 콩피의 시럽 2작은술
- 브랜디 2작은술
- ▶ 섞는다.

*틀에 종이 포일을 깐다. → 본문 12쪽

*오븐은 적당한 타이밍에 180℃로 예열한다.

만드는 법

1 금귤 콩피를 만든다. 금귤은 가로로 반을 잘라서 씨를 뺀다. 냄비에 물과 그래뉴당을 넣어 중불에 올리고, 그래뉴당이 녹으면 화이트 와인, 금귤 순으로 넣고, 금귤을 눌러 줄 작은 뚜껑을 덮어ⓐ 약불로 약 5분간 조린다. 내열 볼에 옮겨 담고, 하룻밤 동안 재운다. 금귤은 물기를 가볍게 빼고, 다시 반으로 자른다. 시럽은 앙비베용으로 2작은술을 덜어 둔다.

2 볼에 버터, 그래뉴당을 넣고, 고무 주걱으로 그래뉴당이 완전히 어우러질 때까지 바닥을 비비며 섞는다.

3 핸드 믹서를 고속으로 돌리며 전체에 공기가 충분히 들어가도록 2분~2분 30초간 섞는다.

4 달걀을 약 10번에 나누어 넣고, 넣을 때마다 핸드 믹서를 고속으로 돌리며 30초~1분간 섞는다.

5 A를 넣고, 한쪽 손으로 볼을 돌리며 고무 주걱으로 바닥에서 크게 퍼 올려 전체를 20~25번 섞는다. 날가루가 조금 남으면 된다.

6 볼 옆면과 고무 주걱에 묻은 반죽을 긁어서 넣고, 초콜릿도 넣어서 같은 방법으로 5~10번 섞는다. 날가루가 사라지고, 표면에 윤기가 나면 된다.

7 틀에 6의 1/3을 넣고, 스푼 뒷면으로 반죽 위를 평평하게 한 후 둘레를 2㎝ 정도 남기고 금귤 콩피의 반을 올린다ⓑ. 이를 한 번 더 반복하고, 남은 6을 넣어서 윗면을 평평하게 정돈한 후ⓒ 예열한 오븐에서 약 50분간 굽는다. 도중에 약 15분이 지나면 물에 적신 칼로 가운데에 칼집을 넣는다.

8 갈라진 곳이 노르스름해지고, 나무 꼬치로 찔러도 아무것도 묻어나지 않으면 완성. 종이 포일째 틀에서 꺼내 식힘망에 올리고, 뜨거울 때 앙비베용 시럽을 솔로 윗면, 옆면에 바른다. 곧바로 랩으로 단단히 감싸서 그대로 식힌다.

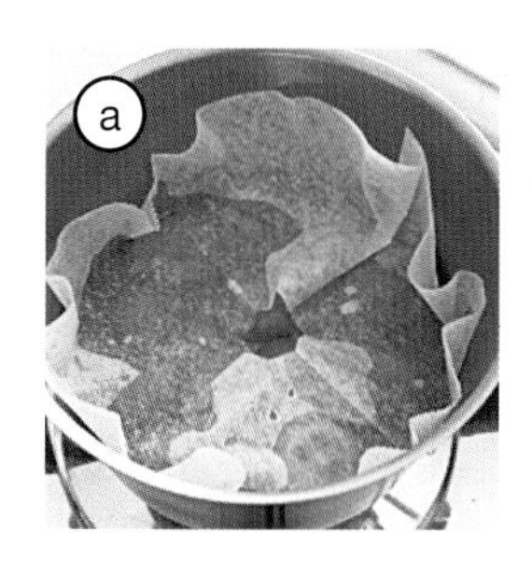

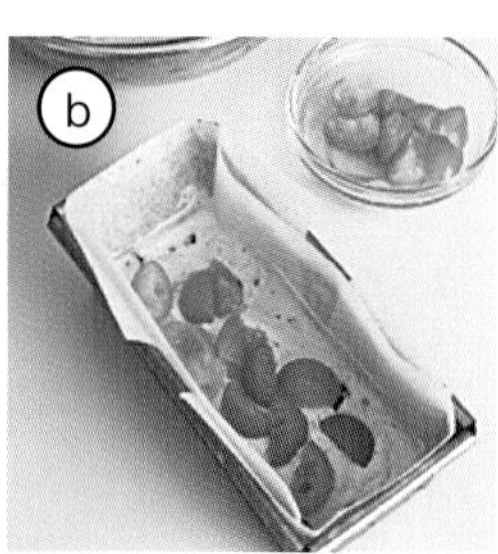

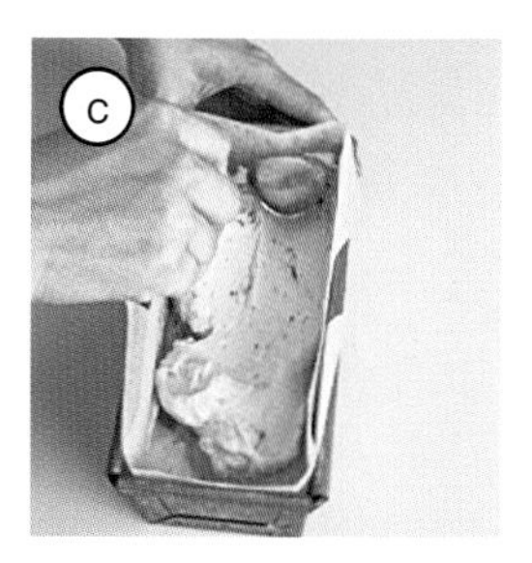

note

- 금귤이 단단하면 나무 꼬치로 몇 군데 구멍을 내서 끓는 물에 넣고, 다시 끓어오르면 채반에 건진다. 그래도 단단하면 이를 한 번 더 반복한다.
- 금귤 콩피의 완성량은 시럽을 뺀 상태로 80~100g이 기준이다. 남은 시럽은 요구르트에 끼얹어 먹으면 맛있다.
- 제과용 초콜릿(다크)은 카카오 함량 70%인 제품을 사용했다.
- 앙비베용 시럽에 넣는 브랜디는 키르슈로 대체해도 어울린다.

대표적인 초콜릿 과자 풍 케이크

잘 알려진 초콜릿 과자를 파운드케이크로 응용했습니다. 비슷한 맛으로 손쉽게 만들어 즐길 수 있어요.

자허 토르테 풍 케이크[G] 

재료와 밑준비_ 지름 15㎝ 원형 틀 1개 분량

무염 발효 버터 80g
전란 2개 분량(100g)
그래뉴당 80g
A ┌ 박력분 60g
  └ 코코아 가루 20g
  ▶ 합쳐서 체로 친다.
살구 잼 20g+45g
가나슈
  제과용 초콜릿(다크) 50g
  생크림(유지방분 35%) 60g

*중탕용 뜨거운 물(약 70℃)을 준비한다.
*틀에 종이 포일을 깐다. → 본문 12쪽
*오븐은 적당한 타이밍에 170℃로 예열한다.

note

- 오스트리아의 전통 과자인 자허 토르테를 제누와즈로 만들었다. 보통은 달걀흰자를 거품 내지만, 간단히 만들 수 있게 응용했다.
- 자가 없으면 약간 높은 도마로 대체해서 케이크의 높이가 균일하게 잘리도록 고정한다. 고정하지 않고 잘라도 문제는 없다.

ⓐ

ⓑ

ⓒ
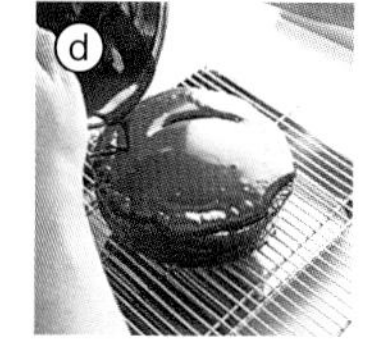
ⓓ
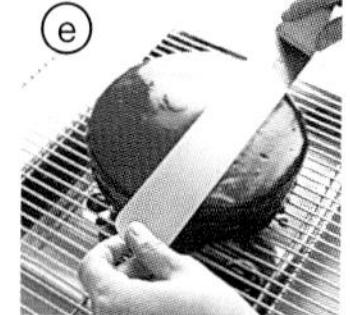
ⓔ

만드는 법

1 볼에 버터를 넣어 중탕으로 녹이고, 잠시 중탕에서 내린다(2에서 달걀물을 넣은 볼을 중탕에서 내린 후 다시 올려 둔다).

2 다른 볼에 달걀과 그래뉴당을 넣고, 켜지 않은 핸드 믹서로 가볍게 섞는다. 이어서 중탕에 올리고 저속으로 돌리며 약 20초간 섞은 후 중탕에서 내린다. 고속으로 올려 전체에 공기가 충분히 들어가도록 2분~2분 30초간 섞고, 저속으로 낮춰 약 1분간 섞으며 결을 정돈한다.

3 A를 넣고, 한쪽 손으로 볼을 돌리며 고무 주걱으로 바닥에서 크게 퍼 올려 전체를 약 20번 섞는다. 날가루가 조금 남으면 된다.

4 1의 버터를 5~6번에 나누어 고무 주걱을 타고 흐르게 넣고, 넣을 때마다 같은 방법으로 5~10번 섞는다. 날가루가 사라지고, 표면에 윤기가 나면 된다.

5 틀에 4를 넣고, 바닥을 작업대에 2~3번 떨어뜨려서 여분의 공기를 뺀 후 예열한 오븐에서 30~35분간 굽는다.

6 윗면이 노르스름해지고, 나무 꼬치로 찔러도 아무것도 묻어나지 않으면 완성. 틀 바닥을 2~3번 두드려서 종이 포일째 꺼내고, 뒤집어서 식힘망에 올려서 식힌다.

7 높이의 절반 지점에 맞춰 위아래로 자를 대고, 빵칼로 두께를 반으로 자른다. 아래쪽 케이크에 살구 잼 20g을 스푼으로 펴 바르고, 위쪽 케이크를 덮어서 윗면, 옆면에 살구 잼 45g을 바른다.

8 가나슈를 만든다. 초콜릿은 잘게 다져서 볼에 넣고, 중탕으로 녹인다ⓐ. 생크림은 내열 컵에 넣고, 랩을 씌우지 말고 전자레인지로 끓어오르기 직전까지 30~40초간 가열한다.

9 초콜릿이 든 볼을 중탕에서 내리고, 생크림을 2~3번에 나누어 넣는다. 넣을 때마다 잠시 두었다가 가운데에서 원을 그리듯이 거품기로 섞는다ⓑ. 윤기가 나고 매끈해지면, 볼 바닥을 얼음물에 대고 고무 주걱으로 저으며 찰기가 생기고 사람의 체온 정도가 될 때까지 식힌다ⓒ. 가나슈 완성.

10 배트에 망을 놓고 7을 올려서 9의 가나슈를 조심히 끼얹는다ⓓ. 윗면에 남은 여분의 가나슈를 팔레트나이프로 떨어뜨린다(옆면은 건드리지 않는다)ⓔ. 망을 배트에 살살 2~3번 두드려 여분의 가나슈를 옆면으로 떨어뜨리고, 가나슈가 굳을 때까지 그대로 둔다.

퐁당 쇼콜라[G]

재료와 밑준비_ 18㎝ 파운드 틀 1개 분량

제과용 초콜릿(다크) 130g
무염 발효 버터 95g
전란 3개 분량(150g)
 ▶ 상온 상태로 만든다.
그래뉴당 90g
박력분 30g

*중탕용 뜨거운 물(약 70℃)을 준비한다.
*틀에 종이 포일을 깐다. → 본문 12쪽
*오븐은 적당한 타이밍에 180℃로 예열한다.

만드는 법

1 볼에 초콜릿과 버터를 넣고, 중탕에 올려 고무 주걱으로 저으며 녹인다ⓐ. 그대로 두어 약 45℃를 유지한다.

2 다른 볼에 달걀과 그래뉴당을 넣고, 거품기로 어우러지도록 조심히 섞는다.

3 1의 볼을 중탕에서 내리고, 2의 1/4을 넣어ⓑ 거품기로 어우러지도록 조심히 섞는다.

4 3을 2의 볼에 다시 넣고ⓒ, 조심히 섞는다. 전체가 어우러지면 박력분을 체로 치며 넣고, 같은 방법으로 섞는다. 날가루가 사라지고, 표면에 윤기가 나면 된다ⓓ.

5 틀에 4를 넣고, 예열한 오븐에서 약 15분간 굽는다.

6 윗면이 노르스름해지고, 나무 꼬치로 찔렀을 때 가장자리는 반죽이 묻어나지 않고 가운데는 반죽이 약간 묻어나는 상태가 되면 완성. 틀째 식힘망에 올려서 식힌다.

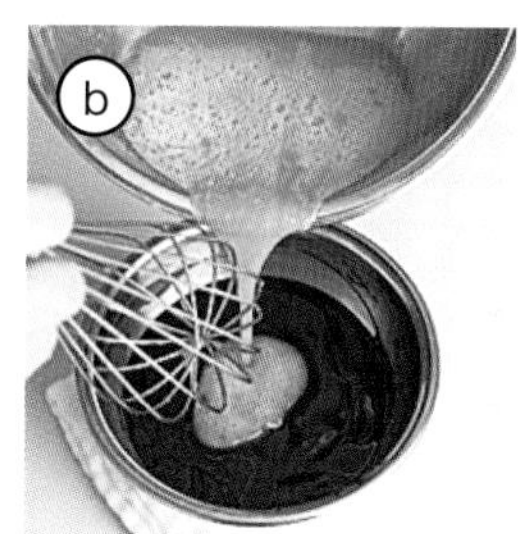

note

- 케이크 속의 초콜릿은 갓 구우면 걸쭉하게 녹아있고, 냉장고에 넣어 차갑게 만들면 쫀득한 초콜릿 테린느처럼 된다.
- '기본 반죽② 제누와즈'에 가깝지만, 굽는 온도가 약간 높은 것처럼 만드는 법은 조금 다르다. 만드는 법 2에서 그래뉴당이 잘 녹지 않으면 잠시 중탕에 올리면 된다.

포레누아르 풍 케이크[Q] 

재료와 밑준비_ 18㎝ 파운드 틀 1개 분량

다크 체리(통조림) 90~100g
다크 체리 통조림 국물 2작은술
키르슈 2작은술
가나슈
　제과용 초콜릿(다크) 20g
　우유 30g
무염 발효 버터 80g
　▶ 상온 상태로 만든다.
그래뉴당 110g
전란 2개 분량(100g)
　▶ 상온 상태로 만들어 포크로 풀어준다.
A ┌ 박력분 85g
　│ 아몬드가루 25g
　│ 코코아 가루 20g
　└ 베이킹파우더 1/3작은술
　▶ 합쳐서 체로 친다.
앙비베용 시럽
　다크 체리 통조림 국물 1큰술
　키르슈 1큰술
　▶ 섞는다.

*틀에 종이 포일을 깐다. → 본문 12쪽
*오븐은 적당한 타이밍에 180℃로 예열한다.

만드는 법

1 다크 체리는 반으로 자르고, 다크 체리 통조림 국물, 키르슈와 섞어서ⓐ 3시간~하룻밤 동안 재운 후 물기를 뺀다.

2 가나슈를 만든다. 초콜릿은 잘게 다져서 볼에 넣고, 중탕으로 녹인다. 우유는 내열 컵에 넣고, 랩을 씌우지 말고 전자레인지로 끓어오르기 직전까지 30~40초간 가열한다.

3 초콜릿이 든 볼을 중탕에서 내리고, 우유를 2~3번에 나누어 넣는다. 넣을 때마다 잠시 두었다가 가운데에서 원을 그리듯이 거품기로 섞는다. 윤기가 나고 매끈해지면, 사람의 체온 정도가 될 때까지 그대로 식힌다. 가나슈 완성.

4 본문 16쪽 '기본 반죽Ⓘ 카트르 카르' 1~7과 같은 방법으로 만든다. 다만 5에서 표면에 윤기가 나면 3의 가나슈를 2~3번에 나누어 넣고, 넣을 때마다 크게 섞는다. 1의 다크 체리를 넣고, 가볍게 섞는다. 6에서 굽는 시간은 약 50분으로 한다. 7에서 식힘망에 올리고, 뜨거울 때 앙비베용 시럽을 솔로 윗면, 옆면에 바른다. 곧바로 랩을 단단히 감싸서 그대로 식힌다.

note

• 포레누아르는 프랑스어로 '검은 숲'이라는 뜻이다. 체리를 사용한 초콜릿 케이크로, 가나슈를 넣은 진한 반죽에 다크 체리의 산미가 더해져 맛의 균형이 아주 좋다.

크리스마스 케이크

팽 데피스는 프랑스의 크리스마스 시장에서 흔히 볼 수 있는 과자입니다. 과일을 듬뿍 넣은 케이크 오 프루이는 크리스마스 시즌에 많이 먹습니다. 추운 계절에 오래 두고 먹는 과자에요.

팽 데피스 풍 케이크[H]

▶ 128쪽

케이크 오 프루이[Q]

▶ 130쪽

팽 데피스 풍 케이크[H]

재료와 밑준비_ 18㎝ 파운드 틀 1개 분량

꿀 100g
우유 50g

A
- 강력분 50g
- 전립분 50g
- 사탕수수 설탕 20g
- 시나몬 가루 1/2작은술
- 넛멕 가루 1/4작은술
- 클로브 가루(또는 올스파이스 가루) 약간
- 베이킹파우더 2작은술
- 베이킹소다 1작은술

▶ 합쳐서 체로 친다

전란 1개 분량(50g)

▶ 상온 상태로 만들어 포크로 풀어준다.

오렌지 필(주사위 모양) 35g
말린 무화과 30g

▶ 끓인 물에 약 5분간 담가서 겉면을 불리고, 키친 타월로 물기를 닦아서 굵게 다진다.

*틀에 종이 포일을 깐다. → 본문 12쪽
*오븐은 적당한 타이밍에 160℃로 예열한다.

전립분

밀의 표피와 배아를 함께 가루로 만든 것. 밀 본연의 풍미를 느낄 수 있다. 제과용이 아닌 강력 전립분을 써도 된다.

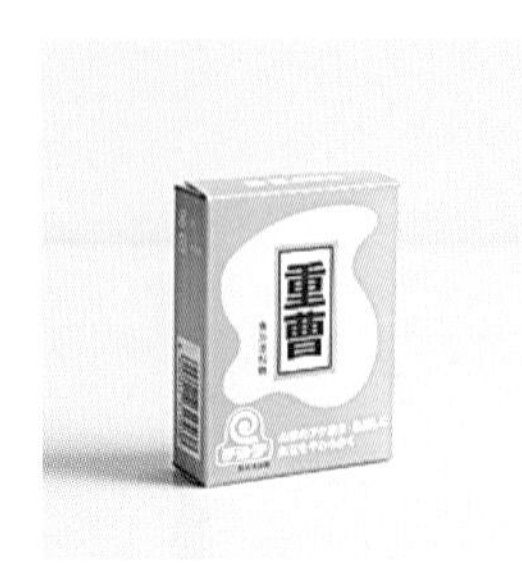

베이킹소다

일명 중조라고도 한다. 반죽을 팽창시키는 작용을 하며, 구우면 노릇노릇한 색이 난다. 쓴맛이 나기도 하므로 분량을 반드시 지킬 것.

만드는 법

1 작은 냄비에 꿀과 우유를 넣고, 고무 주걱으로 저으며 약불로 가열한다ⓐ. 꿀이 녹아서 우유와 어우러지면 불을 끄고, 상온에서 식힌다.

2 볼에 A를 넣고, 거품기로 가볍게 섞는다ⓑ. 가운데에 구멍을 만들고ⓒ, 1을 부어 넣어 가운데에서 원을 그리듯이 조심히 섞는다ⓓ. 거의 섞이면 달걀을 약 3번에 나누어 넣고ⓔ, 넣을 때마다 같은 방법으로 섞어서 전체가 어우러지게 한다ⓕ.

3 오렌지 필과 무화과를 넣고, 고무 주걱으로 크게 약 5번 섞는다ⓖ.

4 틀에 3을 넣고, 바닥을 작업대에 2~3번 떨어뜨려서 여분의 공기를 뺀 후 예열한 오븐에서 약 30분간 굽는다.

5 윗면이 노르스름해지고, 나무 꼬치로 찔러도 아무것도 묻어나지 않으면 완성. 틀 바닥을 2~3번 두드려서 종이 포일째 꺼내고, 식힘망에 올려서 식힌다.

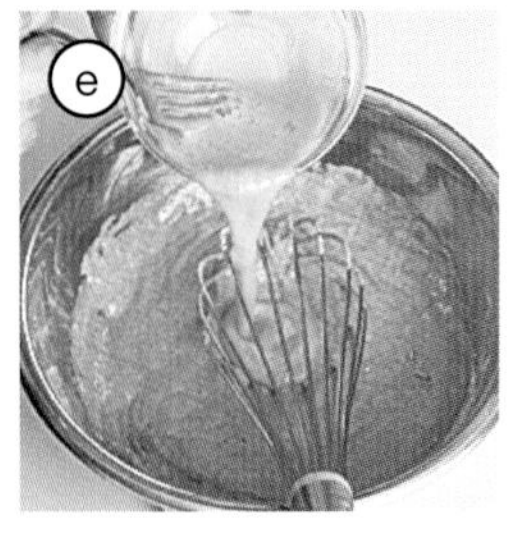

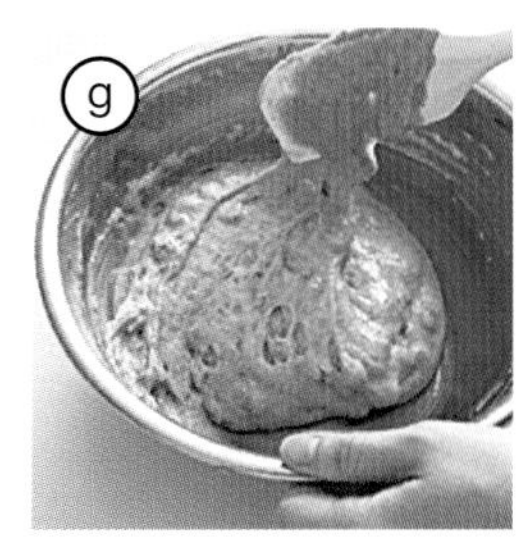

note

- 팽 데피스는 프랑스어로 '향신료를 넣은 빵'이라는 뜻이다. 부르고뉴, 알자스 지방의 빵이 유명하다. 맛은 소박하면서 무게감이 있다.
- '기본 반죽③ 오일 반죽'에 가까우나, 만드는 법은 약간 다르다. 꿀과 우유는 분리되기 쉬우므로 팔팔 끓지 않도록 반드시 약불로 맞추고 섞는다.

케이크 오 프루이[Q]

재료와 밑준비_ 지름 14㎝ 구겔호프 틀 1개 분량

말린 과일 향신료 절임
　말린 무화과 20g
　말린 살구 20g
　말린 프룬 20g
　건포도 20g
　시나몬 가루 2자밤
　넛멕 가루 1자밤
　럼주 2큰술
무염 발효 버터 105g
　▶ 상온 상태로 만든다.
사탕수수 설탕 105g
전란 2개 분량(100g)
　▶ 상온 상태로 만들어 포크로 풀어준다.
호두(구운 것) 20g+적당량
　▶ 20g과 적당량은 각각 손으로 굵게 쪼갠다.
드레인 체리(적) 20g+적당량
　▶ 20g은 굵게 다지고, 적당량은 반으로 자른다.
안젤리카 20g+적당량
　▶ 20g은 굵게 다지고, 적당량은 얇고 어슷하게 썬다.
A ┌ 박력분 105g
　└ 베이킹파우더 1/4작은술
　▶ 합쳐서 체로 친다.
럼주 20g
살구 잼 적당량
좋아하는 말린 과일 적당량
　▶ 끓인 물을 끼얹고, 키친타월로 물기를 닦아낸다. 큰 것은 먹기 좋은 크기로 자른다.
슈거파우더 적당량

*틀에 크림 형태로 만든 버터 적당량(분량 외)을 솔로 바르고, 강력분 적당량(분량 외)을 뿌려서 털어낸다.
→ 본문 15쪽
*오븐은 적당한 타이밍에 180℃로 예열한다.

드레인 체리
체리를 설탕에 절인 것. 색이 선명해서 과자나 빵을 장식하는 데 많이 쓰인다.
녹색, 노란색도 있다.

안젤리카
원래는 미나릿과 식물의 줄기를 시럽에 졸이고 그래뉴당을 묻혀서 말린 것을 말한다. 머위로 대체하기도 한다.

만드는 법

1 말린 과일 향신료 절임을 만든다. 말린 과일은 한데 모아서 끓인 물을 끼얹고ⓐ, 키친타월로 물기를 닦아낸다. 무화과, 살구, 프룬은 1㎝로 깍둑 썬다ⓑ. 볼에 말린 과일, 시나몬 가루, 넛멕 가루를 넣고 충분히 섞다가 럼주를 넣고 섞어서ⓒ 3시간~하룻밤 동안 재운다.

2 볼에 버터와 사탕수수 설탕을 넣고, 고무 주걱으로 사탕수수 설탕이 완전히 어우러질 때까지 바닥을 비비며 섞는다.

3 핸드 믹서를 고속으로 돌리며 전체에 공기가 충분히 들어가도록 2분~2분 30초간 섞는다.

4 달걀을 약 10번에 나누어 넣고, 넣을 때마다 핸드 믹서를 고속으로 돌리며 30초~1분간 섞는다.

5 1의 말린 과일 향신료 절임, 굵게 쪼갠 호두 20g, 굵게 다진 드레인 체리 20g, 굵게 다진 안젤리카 20g을 넣고, 고무 주걱으로 대강 섞는다. A를 넣고, 한쪽 손으로 볼을 돌리며 고무 주걱으로 바닥에서 크게 퍼 올려 전체를 20~25번 섞는다. 날가루가 조금 남으면 된다.

6 볼 옆면과 고무 주걱에 묻은 반죽을 긁어서 넣고, 같은 방법으로 5~10번 섞는다. 날가루가 사라지고, 표면에 윤기가 나면 된다.

7 틀에 6을 넣고, 바닥을 작업대에 2~3번 떨어뜨려서 반죽을 평평하게 한 후 예열한 오븐에서 약 50분간 굽는다.

8 윗면이 노르스름해지고, 나무 꼬치로 찔러도 아무것도 묻어나지 않으면 완성. 틀 옆면을 2~3번 두드려 뒤집어 꺼내서 식힘망에 올리고, 뜨거울 때 럼주를 솔로 겉면에 바른다. 곧바로 랩으로 단단히 감싸서 그대로 식힌다.

9 8이 식으면 랩을 벗기고, 윗면에 살구 잼을 솔로 바른 후 좋아하는 말린 과일, 굵게 쪼갠 호두 적당량, 반으로 자른 드레인 체리 적당량, 얇고 어슷하게 썬 안젤리카 적당량을 올린다. 슈거파우더를 담은 작은 체로 쳐서 뿌린다.

note

- 크리스마스를 이미지화한 화려한 케이크. 토핑용 말린 과일은 향신료 절임과 같은 종류를 써도 된다.
- 18㎝ 파운드 틀로도 동일하게 만들 수 있다. 지름 14㎝ 구겔호프 틀로 만들면 반죽이 조금 넘치므로, 코코트에 덜어서 함께 구우면 된다(자세한 내용은 본문 151쪽 참조).

사과 케이크

사과는 겨울을 대표하는 과일이지요. 가열하면 과자와 잘 어울려요.

사과 레드 와인 조림[Q] 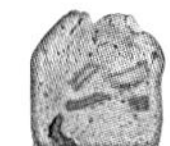

재료와 밑준비_ 18㎝ 파운드 틀 1개 분량

사과 레드 와인 조림
　사과 1개(200g)
　그래뉴당 60g
　레드 와인 25g+20g
　레몬즙 1과 1/2큰술
　시나몬 가루 1작은술
무염 발효 버터 105g
　▶ 상온 상태로 만든다.
사탕수수 설탕 105g
전란 2개 분량(100g)
　▶ 상온 상태로 만들어 포크로 풀어준다.
A ┌ 박력분 90g
　│ 헤이즐넛 가루 15g
　│ 시나몬 가루 1/3작은술
　└ 베이킹파우더 1/4작은술
　▶ 합쳐서 체로 친다.
헤이즐넛(구운 것) 15g
　▶ 반으로 자른다.
브랜디 20g

*틀에 종이 포일을 깐다. → 본문 12쪽
*오븐은 적당한 타이밍에 180℃로 예열한다.

만드는 법

1 사과 레드 와인 조림을 만든다. 사과는 껍질을 벗기고 8등분의 웨지 모양으로 자른 후 가로로 1㎝ 두께로 썬다. 작은 냄비에 사과, 그래뉴당, 레드 와인 25g, 레몬즙을 넣고, 가끔 뒤적이며 중불로 조린다. 그래뉴당이 녹고 물기가 사라지면 레드 와인 20g과 시나몬 가루를 넣는다. 물기가 줄어들어 걸쭉해지면 ⓐ 내열 볼에 옮겨 담고, 그대로 식힌 후 물기를 가볍게 뺀다.

2 본문 16쪽 '기본 반죽Ⓘ 카트르 카르' 1~7과 같은 방법으로 만든다. 다만 1에서 그래뉴당 대신 사탕수수 설탕을 넣는다. 4에서 A를 넣기 전에 1의 사과 레드 와인 조림을 넣고, 고무 주걱으로 대강 섞는다. 6에서 반죽 가운데를 움푹 들어가게 만들어 헤이즐넛을 흩뿌리고, 굽는 시간은 약 45분으로 한다. 7에서 식힘망에 올리고, 뜨거울 때 브랜디를 솔로 윗면, 옆면에 바른다. 곧바로 랩을 단단히 감싸서 그대로 식힌다.

note

- 사과는 홍옥이나 부사처럼 조릴 때 뭉그러지지 않는 품종이 좋다.
- 시나몬과 헤이즐넛의 풍부한 향이 사과 레드 와인 조림의 맛을 더욱 살려준다.
- 헤이즐넛 가루는 아몬드가루로 대체해도 된다.

사과 업사이드 다운[G]

재료와 밑준비_ 18㎝ 파운드 틀 1개 분량

캐러멜
　그래뉴당 40g
　물 1큰술
사과 1개(200g)
　▶ 껍질을 벗겨서 4쪽으로 자르고, 세로로 3㎜ 두께로 썬다. 내열 접시에 올리고 랩을 씌워서 전자레인지로 약 2분간 가열한다.
전란 1개 분량(50g)
사탕수수 설탕 35g
A ┌ 박력분 30g
　│ 아몬드가루 10g
　└ 베이킹파우더 약간
　▶ 합쳐서 체로 친다.
무염 발효 버터 30g
　▶ 중탕으로 녹인다.

*틀에 종이 포일을 깐다(다만 3에서 가위집을 넣지 않고, 네 귀퉁이를 안쪽으로 접어 넣는다ⓐ). → 본문 12쪽
*오븐은 적당한 타이밍에 170℃로 예열한다.

note
- 타르트 타탱 풍 케이크. 사과는 홍옥이나 부사를 쓰는 것이 좋다.

만드는 법

1 캐러멜을 만든다. 작은 냄비에 그래뉴당과 물을 넣고, 되도록 젓지 말고 중불로 가열한다. 그래뉴당이 반쯤 녹으면, 냄비를 돌리며 구석구석까지 가열해 완전히 녹인다. 연한 캐러멜색이 나면 나무 주걱으로 고루 저어주고, 진한 캐러멜색이 나면 망에 올린 틀에 부어 넣어 고루 퍼뜨린 후 그대로 식힌다.

2 1의 틀에 사과의 심 부분이 위쪽으로 가게 해서 조금씩 비켜서 배열한다ⓑ. 다음 단에서는 사과의 방향을 바꿔서 같은 방법으로 배열하고, 사과를 다 쓸 때까지 반복한다. 작은 사과는 마지막에 두께가 얇은 지점에 올려서 높이를 조절하고, 살살 눌러서 평평하게 한다.

3 볼에 달걀과 사탕수수 설탕을 넣고, 켜지 않은 핸드믹서로 가볍게 섞는다. 고속으로 돌리며 전체에 공기가 충분히 들어가도록 약 3분간 섞다가 저속으로 낮춰 약 1분간 섞으며 결을 정돈한다.

4 A를 넣고, 한쪽 손으로 볼을 돌리며 고무 주걱으로 바닥에서 크게 퍼 올려 전체를 약 10번 섞는다. 날가루가 조금 남으면 된다.

5 버터를 2~3번에 나누어 고무 주걱을 타고 흐르게 넣고, 넣을 때마다 같은 방법으로 5~10번 섞는다. 날가루가 사라지고, 표면에 윤기가 나면 된다.

6 2의 틀에 5를 넣고, 바닥을 작업대에 2~3번 떨어뜨려서 여분의 공기를 뺀 후 예열한 오븐에서 30~35분간 굽는다.

7 윗면이 노르스름해지고, 나무 꼬치로 찔러도 아무것도 묻어나지 않으면 완성. 틀째 식힘망에 올려서 완전히 식힌 후 뒤집어서 꺼낸다.

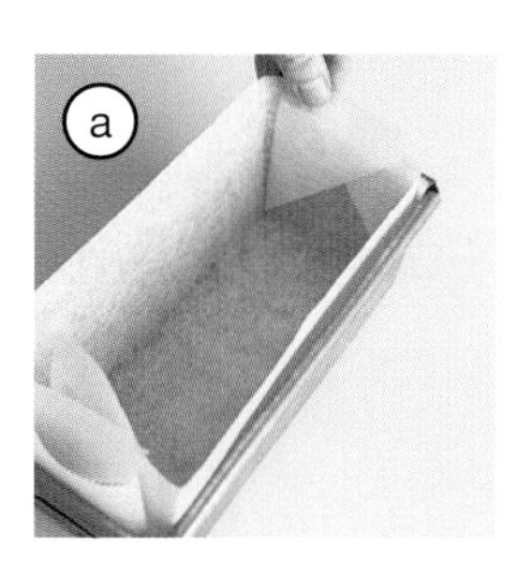

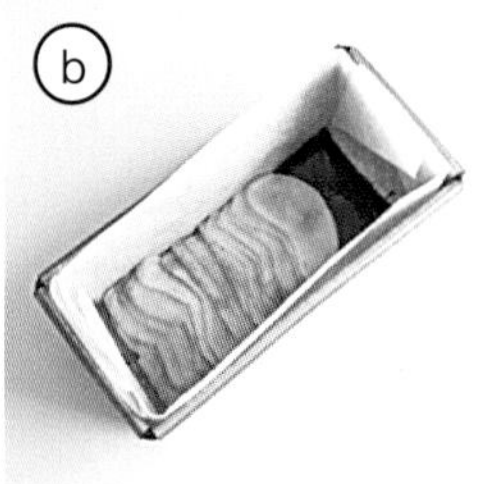

달콤한 채소 케이크

채소에도 사실은 단맛이 가득하답니다. 부드러운 단맛을 최대한 끌어내서 파운드케이크를 만들었습니다.

당근 케이크[H]

재료와 밑준비_ 지름 15㎝ 원형 틀 1개 분량

전란 2개 분량(100g)
　▶ 상온 상태로 만든다.
샐러드유 100g
사탕수수 설탕 90g
우유 40g
당근 90g
　▶ 채칼로 짧게 채 썬다ⓐ.
건포도 30g
　▶ 끓인 물을 끼얹고, 키친타월로 물기를 닦아낸다.
호두(구운 것) 20g
　▶ 굵게 쪼갠다.
코코넛 가루 25g+적당량

A
- 박력분 130g
- 시나몬 가루 3/4작은술
- 넛멕 가루 1/2작은술
- 베이킹파우더 3/4작은술
- 베이킹소다 1/2작은술

　▶ 합쳐서 체로 친다.

프로스팅
　사워크림 150g
　슈거파우더 15g

*틀에 종이 포일을 깐다. → 본문 12쪽
*오븐은 적당한 타이밍에 180℃로 예열한다.

note

- 당근의 자연스러운 단맛이 느껴지는 케이크와 사워크림 프로스팅은 확실히 맛있는 조합이다. 조금 차갑게 만들면 자르기 편하다.
- 반죽은 '기본 반죽③ 오일 반죽'을 변형했다. 섞는 순서가 다르고, 핸드 믹서를 사용하지 않는다.
- 프로스팅은 팔레트나이프 대신 식사용 나이프나 스푼 뒷면으로 발라도 된다.

만드는 법

1 볼에 달걀과 샐러드유를 넣고, 거품기로 매끈해질 때까지 조심히 섞는다.

2 사탕수수 설탕을 넣고, 점성이 생기고 설탕의 까슬까슬함이 사라질 때까지 바닥을 비비며 섞는다.

3 우유를 넣고, 대강 섞는다.

4 당근, 건포도, 호두, 코코넛 가루 25g을 넣고, 고무 주걱으로 가볍게 섞는다.

5 A를 넣고, 한쪽 손으로 볼을 돌리며 바닥에서 크게 퍼 올려 전체를 약 20번 섞는다. 날가루가 사라지고, 표면에 윤기가 나면 된다.

6 틀에 5를 넣고, 바닥을 작업대에 2~3번 떨어뜨려서 여분의 공기를 뺀 후 예열한 오븐에서 약 40분간 굽는다.

7 윗면이 노르스름해지고, 나무 꼬치로 찔러도 아무것도 묻어나지 않으면 완성. 틀째 식힘망에 올려서 완전히 식히고, 종이 포일째 꺼낸다.

8 프로스팅을 만든다. 볼에 사워크림을 넣고, 고무 주걱으로 풀어서 굳기를 균일하게 만든다. 작은 체에 슈거파우더를 담아 약 2번에 나누어 쳐서 넣고, 넣을 때마다 매끈해질 때까지 잘 섞는다.

9 8의 프로스팅을 7의 윗면에 올려서 팔레트나이프로 균일한 두께가 되게 펴 바르고ⓑ, 코코넛 가루 적당량을 뿌린다.

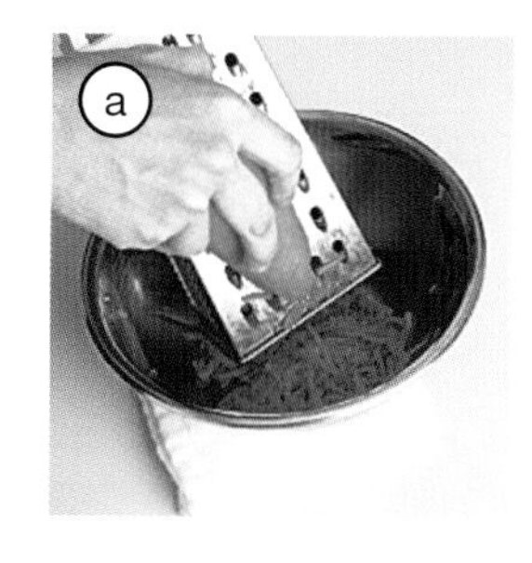

고구마와 꿀[Q]

재료와 밑준비_ 18㎝ 파운드 틀 1개 분량

무염 발효 버터 105g

▶ 상온 상태로 만든다.

그래뉴당 65g

소금 1자밤

꿀 30g

전란 2개 분량(100g)

▶ 상온 상태로 만들어 포크로 풀어준다.

고구마(껍질을 벗긴 것) 100g

▶ 1㎝로 깍둑 썰어 물에 담그고, 물기를 빼서 내열 용기에 넣고 랩을 씌워서 전자레인지로 약 2분 30초간 가열한다.

A ┌ 박력분 105g
└ 베이킹파우더 1/4작은술

▶ 합쳐서 체로 친다.

싸라기 설탕(갈색) 10g

*틀에 종이 포일을 깐다. → 본문 12쪽

*오븐은 적당한 타이밍에 180℃로 예열한다.

싸라기 설탕(갈색)

결정이 크고, 황갈색을 띠는 설탕. 단맛이 깔끔하다. 캐러멜을 첨가해서 독특한 풍미와 감칠맛이 난다.

만드는 법

1 본문 16쪽 '기본 반죽① 카트르 카르' 1~7과 같은 방법으로 만든다. 다만 1에서 버터, 그래뉴당과 함께 소금을 넣는다. 2에서 다 섞으면 꿀을 넣고, 고속으로 돌리며 10~20초간 더 섞는다. 4에서 A를 넣기 전에 고구마를 넣고, 고무 주걱으로 대강 섞는다. 6에서 반죽을 평평하게 한 후 싸라기 설탕을 흩뿌린다(가운데를 움푹 들어가게 만들지 않아도 된다). 굽는 시간은 약 40분으로 한다.

note

- 꿀로 수분을 주어 카스텔라 풍으로 만들었다. 싸라기 설탕의 아삭한 식감이 포인트.

일본풍 케이크

말차는 물론, 아마낫토, 시로미소도 파운드케이크
와 잘 어울려요. 동양과 서양의 재료가 어우러져
고급스러운 단맛이 나는 과자가 됩니다.

말차와 아마낫토[G]

재료와 밑준비_ 18㎝ 파운드 틀 1개 분량

무염 발효 버터 80g
전란 2개 분량(100g)
그래뉴당 80g

A
- 박력분 80g
- 말차 가루 1큰술
- 베이킹파우더 1/4작은술

▶ 합쳐서 체로 친다.

아마낫토(검은콩) 80g

▶ 박력분 1/2작은술을 가볍게 묻힌다.

*중탕용 뜨거운 물(약 70℃)을 준비한다.
*틀에 종이 포일을 깐다. → 본문 12쪽
*오븐은 적당한 타이밍에 170℃로 예열한다.

아마낫토(검은콩)

콩류를 달게 졸이고 설탕을 묻혀서 말린 설탕 절임 과자. 여기서는 검은콩을 사용했는데, 좋아하는 콩을 넣어도 된다.

만드는 법

1 볼에 버터를 넣어 중탕으로 녹이고, 잠시 중탕에서 내린다(2에서 달걀물을 넣은 볼을 중탕에서 내린 후 다시 올려 둔다).

2 다른 볼에 달걀과 그래뉴당을 넣고, 켜지 않은 핸드 믹서로 가볍게 섞는다. 이어서 중탕에 올리고 저속으로 돌리며 약 20초간 섞은 후 중탕에서 내린다. 고속으로 올려 전체에 공기가 충분히 들어가도록 2분~2분 30초간 섞고, 저속으로 낮춰 약 1분간 섞으며 결을 정돈한다.

3 A를 넣고, 한쪽 손으로 볼을 돌리며 고무 주걱으로 바닥에서 크게 퍼 올려 전체를 약 20번 섞는다. 날가루가 조금 남으면 된다.

4 1의 버터를 5~6번에 나누어 고무 주걱을 타고 흐르게 넣고, 넣을 때마다 같은 방법으로 5~10번 섞는다. 날가루가 사라지고 표면에 윤기가 나면, 아마낫토를 넣고 크게 약 5번 섞는다.

5 틀에 4를 넣고, 바닥을 작업대에 2~3번 떨어뜨려서 여분의 공기를 뺀 후 예열한 오븐에서 30~35분간 굽는다. 도중에 약 10분이 지나면 물에 적신 칼로 가운데에 칼집을 넣는다.

6 갈라진 곳이 노르스름해지고, 나무 꼬치로 찔러도 아무것도 묻어나지 않으면 완성. 틀 바닥을 2~3번 두드려서 종이 포일째 꺼내고, 식힘망에 올려서 식힌다.

note

- 아마낫토의 단맛이 말차의 씁쓸한 맛을 끌어 올려준다. 일본식 차에도 잘 어울리는 맛.
- 말차 가루의 유분 때문에 반죽이 가라앉기 쉬우므로 제누와즈이지만 베이킹파우더를 약간 넣는다.

시로미소 마쓰카제 풍 케이크[H] 

재료와 밑준비_ 18㎝ 파운드 틀 1개 분량

전란 2개 분량(100g)
　▶ 상온 상태로 만든다.
그래뉴당 80g
샐러드유 50g
시로미소 50g
A ┌ 박력분 100g
　└ 베이킹파우더 1/2작은술
　▶ 합쳐서 체로 친다.
우유 20g
볶은 참깨 15g

*틀에 종이 포일을 깐다. → 본문 12쪽
*오븐은 적당한 타이밍에 180℃로 예열한다.

시로미소

쌀누룩을 많이 넣고, 소금의 양을 줄여서 만든 단맛이 강한 일본식 백된장. 교토의 특산품인 사이쿄 미소가 유명하다. 무침이나 사이쿄즈케(사이쿄 미소에 생선 조각을 절인 음식)에 쓰인다.

note

- 미소 마쓰카제(달걀과 유분을 넣지 않는 일본식 카스텔라)를 이미지화한 케이크. 미소를 넣으면 쫀득하고 촉촉한 케이크가 된다.
- 토핑용 참깨는 흰깨와 검은깨를 섞어서 뿌리면 예쁘다.

만드는 법

1 볼에 달걀과 그래뉴당을 넣고, 켜지 않은 핸드 믹서로 가볍게 섞다가 고속으로 돌리며 약 1분간 섞는다.

2 샐러드유를 4~5번에 나누어 넣고, 넣을 때마다 핸드 믹서를 고속으로 돌리며 약 10초간 섞는다.

3 다른 볼에 시로미소와 2의 1/5을 넣고ⓐ, 핸드 믹서를 저속으로 돌리며 약 10초간 섞어서 대강 어우러지게 한다

4 3을 2의 볼에 다시 넣고ⓑ, 저속으로 돌리며 약 1분간 섞어서 결을 정돈한다.

5 A를 넣고, 한쪽 손으로 볼을 돌리며 고무 주걱으로 바닥에서 크게 퍼 올려 전체를 약 20번 섞는다. 날가루가 조금 남으면 된다.

6 우유를 2~3번에 나누어 고무 주걱을 타고 흐르게 넣고, 넣을 때마다 같은 방법으로 약 5번 섞는다. 마지막으로 약 5번 더 섞는다. 날가루가 사라지고, 표면에 윤기가 나면 된다.

7 틀에 6을 넣고, 바닥을 작업대에 2~3번 떨어뜨려서 여분의 공기를 뺀다. 참깨를 흩뿌리고, 예열한 오븐에서 30~35분간 굽는다. 도중에 약 10분이 지나면 물에 적신 칼로 가운데에 칼집을 넣는다.

8 갈라진 곳이 노르스름해지고, 나무 꼬치로 찔러도 아무것도 묻어나지 않으면 완성. 틀 바닥을 2~3번 두드려서 종이 포일째 꺼내고, 식힘망에 올려서 식힌다.

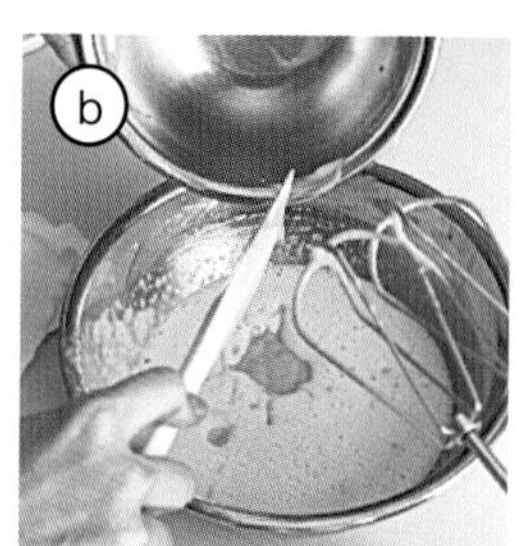

겨울의 케이크 살레

겨울은 모임이 많은 시기지요. 손님을 대접할 때, 만들기 간단하면서 인원수대로 나누기 편한 케이크 살레가 진가를 발휘할 거예요.

포토푀 풍 케이크[S]

▶ 146쪽

닭 안심과 피망[S]

▶ 148쪽

초리조와 말린 무화과[S]

▶ 147쪽

포토푀 풍 케이크[S] 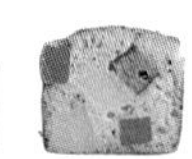

재료와 밑준비_ 18㎝ 파운드 틀 1개 분량

전란 2개 분량(100g)

▶ 상온 상태로 만든다.

샐러드유 60g

우유 50g

치즈 가루 30g

고기 입자가 굵은 비엔나소시지 60g

▶ 끓는 물에 약 1분간 데쳐서 물기를 빼고, 1㎝ 폭으로 썬다.

감자 50g

▶ 1.5㎝로 깍둑 썰어 물에 담갔다가 물기를 뺀다.

당근 50g

▶ 1.5㎝로 깍둑 썬다. 소금을 약간 넣은 끓는 물에 감자와 함께 5~6분간 삶고, 물기를 빼서 식힌다.

홀그레인머스터드 1큰술

A
- 박력분 100g
- 베이킹파우더 1작은술
- 소금 1/4작은술
- 굵게 간 흑후추 약간

▶ 합쳐서 체로 친다.

*틀에 종이 포일을 깐다. → 본문 12쪽

*오븐은 적당한 타이밍에 180℃로 예열한다.

만드는 법

1 볼에 달걀과 샐러드유를 넣고, 거품기로 완전히 어우러질 때까지 충분히 섞는다. 우유를 넣고, 같은 방법으로 섞는다.

2 치즈 가루, 소시지, 감자, 당근, 홀그레인머스터드를 넣고, 요리용 젓가락으로 가볍게 섞는다.

3 A를 넣고, 한쪽 손으로 볼을 돌리며 요리용 젓가락으로 바닥에서 크게 퍼 올려 전체를 15~20번 섞는다. 고무 주걱으로 볼 옆면에 붙은 반죽을 긁어서 넣고, 같은 방법으로 1~2번 섞는다. 날가루가 아주 조금 남으면 된다.

4 틀에 3을 넣고, 바닥을 작업대에 2~3번 떨어뜨려서 여분의 공기를 뺀 후 고무 주걱으로 윗면을 가볍게 정돈한다. 예열한 오븐에서 30~35분간 굽는다.

5 윗면이 노르스름해지고, 나무 꼬치로 찔러도 아무것도 묻어나지 않으면 완성. 틀째 식힘망에 올리고, 한 김 식으면 종이 포일째 꺼내서 식힌다.

note

- 포토푀(소고기, 채소, 부케 가르니를 물에 넣고 약한 불에서 장시간 끓인 프랑스의 스튜 요리)를 이미지화한 케이크. 홀그레인머스터드의 부드러운 산미가 맛의 포인트.
- 푸짐해서 아침 식사나 브런치로도 좋다.

초리조와 말린 무화과[S] 

재료와 밑준비_ 18㎝ 파운드 틀 1개 분량

전란 2개 분량(100g)

▶ 상온 상태로 만든다.

샐러드유 60g

우유 50g

그뤼에르 치즈(슈레드 타입) 30g

초리조 80g

▶ 끓는 물에 약 1분간 삶아서 물기를 빼고, 1㎝ 폭으로 썬다.

말린 무화과 40g

▶ 끓인 물에 약 5분간 담가 겉면을 불리고, 키친타월로 물기를 닦아내고 굵게 다진다.

A
- 박력분 100g
- 베이킹파우더 1작은술
- 소금 1/4작은술
- 굵게 간 흑후추 약간

▶ 합쳐서 체로 친다.

*틀에 종이 포일을 깐다. → 본문 12쪽

*오븐은 적당한 타이밍에 180℃로 예열한다.

초리조

스페인의 반건조 소시지. 굵게 간 돼지고기를 원료로, 고춧가루 등의 향신료가 들어있어 매운맛이 난다.

만드는 법

1 146쪽의 '포토푀풍 케이크' 1~5와 같은 방법으로 만든다. 다만 2에서 치즈 가루, 소시지, 감자, 당근, 홀그레인머스터드 대신 그뤼에르 치즈, 초리조, 무화과를 넣는다.

note

- 매콤한 초리조를 넣어서 맥주나 와인에도 제격이다.

닭 안심과 피망[S] 

재료와 밑준비_ 18㎝ 파운드 틀 1개 분량

전란 2개 분량(100g)
▶ 상온 상태로 만든다.
샐러드유 60g
우유 50g
치즈 가루 30g
닭 안심 2조각(100g)
▶ 소금을 약간 넣은 끓는 물에 넣고, 다시 끓어오르면 불을 끄고 뚜껑을 덮어 약 8분간 둔다. 물기를 빼서 식히고, 힘줄을 제거하며 먹기 좋은 크기로 크게 찢는다.
피망 소테
샐러드유 1작은술
피망 40g
▶ 사방 8㎜로 썬다.
양파 1/4개
▶ 잘게 다진다.
▶ 프라이팬에 샐러드유를 둘러 중불로 달구고, 피망과 양파를 볶는다. 숨이 죽으면 배트에 꺼내서 식힌다.
핑크 페퍼 1작은술
A ┌ 박력분 100g
│ 베이킹파우더 1작은술
└ 소금 1/4작은술
▶ 합쳐서 체로 친다.

*틀에 종이 포일을 깐다. → 본문 12쪽
*오븐은 적당한 타이밍에 180℃로 예열한다.

핑크 페퍼

페루 후추나무의 열매를 말린 것. 일반적인 후추와 종류가 다르며, 상쾌한 향이 특징이다.

만드는 법

1 볼에 달걀과 샐러드유를 넣고, 거품기로 완전히 어우러질 때까지 충분히 섞는다. 우유를 넣고, 같은 방법으로 섞는다.

2 치즈 가루, 닭 안심, 피망 소테를 넣고, 핑크 페퍼를 손끝으로 으깨며 넣어 요리용 젓가락으로 가볍게 섞는다.

3 A를 넣고, 한쪽 손으로 볼을 돌리며 요리용 젓가락으로 바닥에서 크게 퍼 올려 전체를 15~20번 섞는다. 고무 주걱으로 볼 옆면에 붙은 반죽을 긁어서 넣고, 같은 방법으로 1~2번 섞는다. 날가루가 아주 조금 남으면 된다.

4 틀에 3을 넣고, 바닥을 작업대에 2~3번 떨어뜨려서 여분의 공기를 뺀 후 고무 주걱으로 윗면을 가볍게 정돈한다. 예열한 오븐에서 30~35분간 굽는다.

5 윗면이 노르스름해지고, 나무 꼬치로 찔러도 아무것도 묻어나지 않으면 완성. 틀째 식힘망에 올리고, 한 김 식으면 종이 포일째 꺼내서 식힌다.

note

- 핑크 페퍼는 닭 안심의 순한 맛에 변화를 주기도 하고, 색도 예쁘다.
- 핑크 페퍼를 넣었기 때문에 A에 굵게 간 흑후추는 넣지 않는다.

Foire aux questions

자주 하는 질문

Q 파운드케이크는 며칠이나 보관할 수 있나요?

A 카트르 카르는 1주일, 그 외는 약 3일입니다.

기본적으로는 완전히 식힌 후 랩으로 감싸서 어둡고 서늘한 곳 또는 냉장고에 보관하세요. 통째로 보관해도, 썰어서 보관해도 됩니다. 소비기한의 기준은 '기본 반죽① 카트르 카르'가 약 1주일입니다. 다 구운 후 리큐르를 발라서 스며들게 한 케이크의 소비기한은 더 길어서 10일 정도는 괜찮습니다. 이 반죽은 시일이 지나 안정되면서 또 다른 맛을 즐길 수 있어요. 그 외의 반죽은 되도록 빨리 먹어야 맛있고, 소비기한은 2~3일이 기준입니다. 다만 '기본 반죽④ 케이크 살레'는 어둡고 서늘한 곳이 아닌 반드시 냉장고에 보관하세요. 그 외의 반죽에도 생과일을 넣었다면 냉장 보관을 하는 것이 좋습니다.
모든 케이크는 냉동 보관도 할 수 있습니다. 랩으로 감싸는 과정까지는 같고, 그다음 냉동용 지퍼백에 넣어 냉동실에 얼리세요. 소비기한의 기준은 약 2주일입니다. 그리고 먹기 전에는 실온에 두어 상온 상태로 만드세요. 케이크 살레는 170℃로 예열한 오븐에 약 10분간 더 구워서 먹어도 맛있어요.

Q 발효 버터는 일반 버터와 무엇이 다른가요?

A 유산균을 넣고 섞어서 만든 버터입니다. 풍미가 강해서 구움 과자에 적합해요.

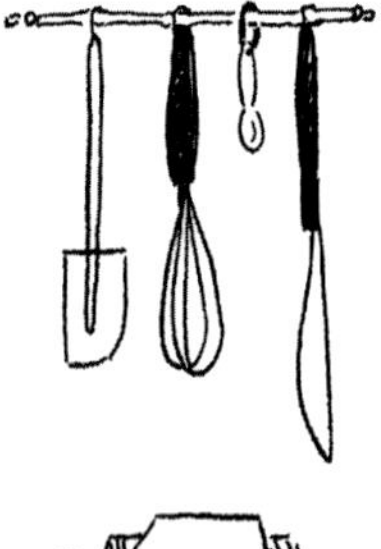

유산균을 섞어서 발효시켜 만든 버터입니다. 발효하면 풍미가 좋아지고 진한 감칠맛이 생겨요. 버터의 맛이 바로 느껴지는 파운드케이크에 제격이니 꼭 사용해보세요. 여러 브랜드에서 판매하는데, 각각 풍미가 미묘하게 다르니 취향에 맞는 제품을 찾아보세요.
다만 일반 버터보다 가격이 비싸기 때문에 꼭 사용해야 하는 것은 아닙니다. 담백한 맛을 좋아한다면 일반 버터를 사용해도 됩니다.

Q '기본 반죽 카트르 카르'에서 달걀을 넣고 섞을 때 잘 어우러지지 않고 분리됐어요. 어떻게 하면 좋을까요?

A 가루의 일부를 먼저 넣고 어우러지게 하세요.

사진 ⓐ처럼 달걀이 잘 어우러지지 않고 분리되면 케이크의 식감이 매우 나빠집니다. 이렇게 됐다면 다음에 넣을 박력분의 일부(큼직한 스푼으로 수북이 1술 정도)를 넣고 ⓑ, 켜지 않은 핸드 믹서로 가볍게 섞으세요. 분리된 수분을 흡수해서 반죽을 안정시킬 수 있답니다. 그래도 분리되면 박력분을 1술 더 넣고 섞어주세요.
약간만 분리됐다면 볼 바닥을 직화에 약 1분간 대고 데우면서 섞으면 잘 어우러지기도 합니다.

 반죽은 틀에 몇 %까지 넣으면 될까요? 그리고 흘러넘칠 듯하면 어떻게 해야 하나요?

A 대략 80%까지 넣으세요. 흘러넘칠 듯하면 코코트에 덜어 주세요.

같은 '18㎝ 파운드 틀'이라도 제조사에 따라 크기가 미묘하게 다른데, 반죽을 틀의 80%까지 넣으면 문제없습니다.
반죽 양이 그 이상으로 만들어졌다면 구울 때 부풀어 오르면서 틀에서 흘러넘칠 가능성이 있습니다. 그럴 때는 여분의 반죽을 유산지 컵을 깔아둔 푸딩 틀이나 코코트에 넣어서 함께 구워 작은 케이크를 만드세요. 작은 틀에 넣어서 구우면 굽는 시간이 아주 짧아집니다. 상태를 보고 큰 케이크보다 일찍 꺼내세요.

365일 파운드케이크

2020년 9월 28일 초판 1쇄 인쇄
2020년 10월 5일 초판 1쇄 발행

지은이 다카이시 노리코
옮긴이 조수연
감수 임태언

펴낸이 정상석
책임편집 엄진영
표지디자인 양은정 / 본문편집 이경숙
펴낸 곳 터닝포인트(www.diytp.com)
등록번호 제2005-000285호

주소 (03991) 서울시 마포구 동교로27길 53 지남빌딩 308호
대표 전화 (02)332-7646
팩스 (02)3142-7646
ISBN 979-11-6134-085-2 (13590)

정가 16,000원

내용 및 집필 문의 diamat@naver.com
터닝포인트는 삶에 긍정적 변화를 가져오는 좋은 원고를 환영합니다.

이 도서의 국립중앙도서관 출판예정도서목록(CIP)은 서지정보유통지원시스템 홈페이지(http://seoji.nl.go.kr)와 국가자료공동목록시스템(http://www.nl.go.kr/kolisnet)에서 이용하실 수 있습니다.
(CIP제어번호 : CIP2020037374)